KB009415

생물다양성과
황해

생물다양성과 황해

_꼬마 해녀 만덕이가 들려주는 바다 환경 이야기

초판 1쇄 발행 2010년 12월 30일
초판 3쇄 발행 2018년 4월 18일

지은이 최영래 · 장용창
펴낸이 이원중

펴낸곳 지성사 **출판등록일** 1993년 12월 9일 **등록번호** 제10-916호
주소 (03458) 서울시 은평구 진흥로 68 정안빌딩 2층 북측(녹번동 162-34)
전화 (02) 335-5494 **팩스** (02) 335-5496
홈페이지 지성사.한국 | www.jisungsa.co.kr **이메일** jisungsa@hanmail.net

ISBN 978-89-7889-233-9 (04400)
978-89-7889-168-4 (세트)

잘못된 책은 바꾸어드립니다. 책값은 뒤표지에 있습니다.

이 도서의 국립중앙도서관 출판시도서목록(CIP)은 서지정보유통지원시스템
홈페이지(http://seoji.nl.go.kr)와 국가자료공동목록시스템(http:www.nl.go.kr/kolisnet)에서
이용하실 수 있습니다. (CIP제어번호:CIP2010004830)

생물다양성과 황해

꼬마 해녀 만덕이가 들려주는
바다 환경 이야기

최영래
장용창
지음

지성사

차례

여는 글 생물다양성과 생태계 보전

지난 2010년은 UN이 정한 세계 생물다양성의 해였다. 마침 이웃 나라 일본에서 제10차 생물다양성협약 당사국 총회가 열리기도 했다. 이제 우리는 텔레비전이나 신문 같은 각종 매체에서 생물다양성과 관련된 다큐멘터리 프로그램이나 기사를 종종 접하게 된다. 그러나 생물다양성의 중요성이 날로 강조되고 유행처럼 퍼져가는 이 시점에도, 생물다양성은 쉽게 눈에 익거나 손에 잡히는 용어가 아니다. 이렇듯 어렵고 딱딱하게 느껴지는 생물다양성의 개념과 의의, 생태계 보전의 중요성을 자라나는 청소년은 물론 일반 대중이 친숙하고 쉽게 이해할 수 있도록 돕기 위해 이 책을 썼다. 지역적으로는 우리나라와 중국이 함께 공유하는 황해의 생태계를 대상으로 생물다양성에 관한 이야기를 좀 더 구체적으로 풀어내려고 애썼다.

책의 첫머리에서 소개하는 동화 '꼬마 해녀 만덕이'는 독자 여러분을 생물다양성의 세계로 안내하는 역할을 한다. 만덕이는 우리나라 최남단 마라도에 살고 있는 꼬마 해녀이다. 해류에 떠밀려 표류되었다가 슴새와 바다거북의 도움으로 무사히 구출되는 이야기는 단순하지만 자연에 전적으로 의존하며 살아온 해녀들의 삶을 대변하며, 생물다양성을 보전하는 것이 결국 인간을 살리는 길이라는 메시지를 간접적으로 전달한다. 후반부에서는 만덕이와 주변 인물들의 대화로 이야기가 전개된다. 생물다양성의 개념, 생물다양성을 보전해야 하는 이유, 생물다양성을 보전하기 위한 노력 등 보전생물학에서 기본적으로 다루는 원칙과 과학적 지식을 설명하고, 황해에 살고 있는 대표적인 생물종과 생태계 보전 그리고 그와 관련된 여러 이슈들을 소개한다.

이미 많은 과학자들이 미래의 생태계 변화는 더욱 가속화될 것이며, 이는 궁극적으로 인류를 향한 재앙으로 다가올 것이라 경고하고 있다. 생물다양성을 보전하기 위한 첫걸음은 자연과 인간을 분리하는 일을 그만두고 머리가 아닌 가슴으로 자연을 이해하기 위해 노력하는 것이다. 기술적인 해결책만으로는 인간의 끝없는 욕망을 채우기 위해 자연을 파괴하는 사회의 불가항력을 도저히 멈출 수 없기 때문이다. 이 책을 통해 독자 여러분도 자연을 가슴으로 만나고 생물다양성을 보전하기 위한 작은 실천을 시작하게 되기를 소망한다.

아울러 원고를 검토해 주신 한국해양과학기술원의 김웅서 박사님과 함춘옥 선생님 그리고 귀한 사진을 제공해 주신 한국해양과학기술원, WWF/KORDI 황해생태지역지원사업, 고래연구소, 순천시, 해양생태기술연구소, 녹색연합, 제주야생동물연구센터 외 여러분께 감사의 마음을 전한다.

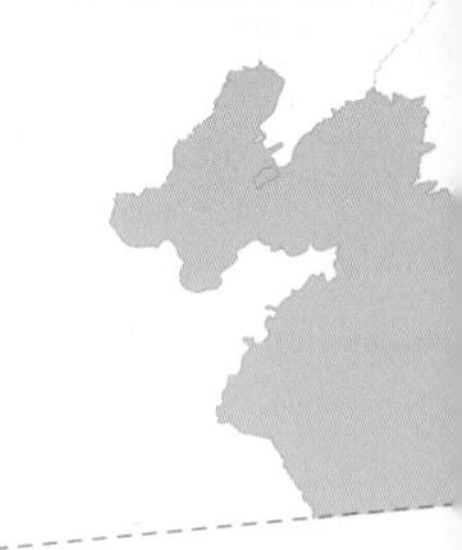

1부

꼬마 해녀 만덕이

마라도 해녀

여러분은 '제주도' 하면 제일 먼저 무엇이 생각나지요? 돌, 바람, 여자! 그중에서도 해녀가 떠오르지 않나요? 지금부터 제가 아는 꼬마 해녀를 소개하려고 합니다.

제주도 모슬포항에서 배를 타고 남쪽으로 내려가면 마라도라는 섬이 있어요. 100명도 채 안 되는 사람들이 모여 사는 작은 섬입니다. 그곳에도 초등학교가 있는데, 가파초등학교의 마라분교이지요. 이 학교에 다니는 만덕이가 이 책의 주인공이자 제가 소개하려는 꼬마 해녀랍니다. 13살 6

학년 여학생이에요.

만덕이의 어머니도 해녀랍니다. 원래 제주도와 이곳 마라도에는 이들 모녀처럼 대를 이어 물질해녀가 바닷속으로 잠수해서 해산물 등을 따는 일을 하는 해녀들이 많았는데, 요즘은 해산물의 양이 줄어들었을 뿐만 아니라 젊은이들이 힘들고 어려운 일은 하지 않으려고 해서 새로 해녀가 되는 사람이 크게 줄었다고 하네요. 그래서 올해 39세이신 만덕이 어머니가 해녀들 중에서는 어린 편에 속한다고 해요.

제주도에 언제부터 해녀가 생겨났는지는 확실하지 않아요. 하지만 농사짓는 것보다 바다에서 해산물을 따서 먹은 게 더 오래되었으므로, 그 역사를 따져 보면 구석기시대까지 올라간다고 하네요. 그때의 해녀들은 맨몸으로 바다에 들어갔다고 해요. 하지만 요즘은 오리발, 물안경, 고무옷 등을 입고, 전복이나 소라를 따는 호미와 수확물을 담는 망, 그리고 해녀가 작업하는 동안 물 위에 떠 있는 부표 같은 것으로 붙잡고 쉬기도 하는 태왁 정도는 들고 다녀요.

그러나 아무리 오랫동안 잠수할 수 있는 장비가 발달해도 그런 장비를 모두 갖추지는 않아요. 해녀들은 절대 바다를 함부로 대하거나 바다생물들을 마구 잡아들이지 않기 때문이에요. 해녀들이 맨몸으로 정직한 노동에만 의존해 바다생물을 채취하는 이유는, 바다가 대대손손 생활할 수 있게 해 준 고마운 곳이기에 늘 어머니 품처럼 여기기 때문이래요. 아마 해녀들이 최신 잠수 기계 등을 이용했다면 제주도 앞바다의 생태계34쪽 참고가 완전히 망가졌을지도 몰라요. 해녀들의 이런 마음과 실천이 오랫동안 바다생물을 지속적으로 보존해 올 수 있었던 이유일 겁니다.

해녀는 경험과 체력을 기준으로 가장 일 잘 하는 사람을 상군, 그 다음을 중군, 그 다음은 하군으로 나누어 부른대요. 그래서 경험도 어느 정도 쌓이고 체력도 좋은 30대와 40대 해녀가 보통 상군이 되는데, 요즘은 젊은 해녀가 드물어 50대 해녀가 상군이 되기도 한대요. 해녀들은 거의 맨몸으로 바다를 누비고 다니므로 갑작스럽게 일어나는 바닷속 위험에 대처할 수 있어야 해요. 그래서 바닷속 지형은 물론이고 바닷물의 흐름, 어떤 해산물이 어디에 많이 모여 사는가 하는 바다생물의 생태적 특징을 잘 알고 있는 상군 해녀들이 깊은 곳에서 작업을 해요. 물이 얕고 해산물이 많은 곳은 하군 해녀들에게 양보하고요. 혼자서 노력하는 만큼 성과물을 얻는 대신 공동체로서 서로를 돕는 마음이 해녀

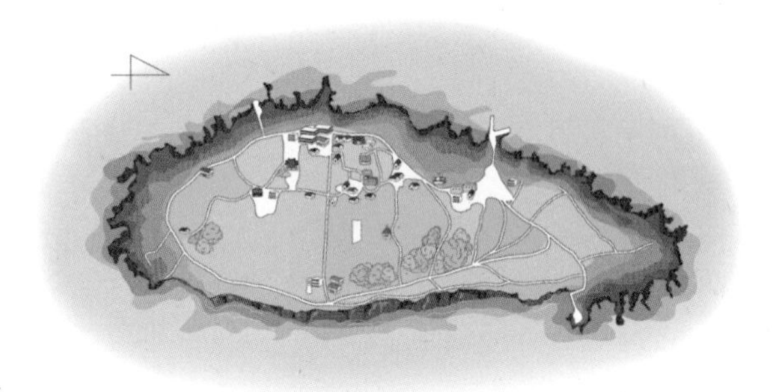

마라도

를 구분하는 데 담긴 따뜻한 의미입니다.

요즘은 바다생물을 채취만 하는 것이 아니라 마을별로 해녀 공동체가 있어서 각각 바닷속에 영역을 두어 관리하기도 한대요. 지속적으로 바다생물들을 보존하고 유지하기 위해 해산물의 종패나 종자를 뿌리기도 하는 등 바다를 공공의 재산으로, 공공의 삶의 터전으로 함께 가꾸는 거래요.

만덕이 어머니는 상군 해녀로 동네에서도 물질을 잘 한다고 칭찬이 자자하답니다. 그런 어머니의 뒤를 이어 물질을 하는 만덕이는 어리기는 해도 분명 해녀예요.

자장면집 아들 현태

마라도에 자장면집이 새로 생겼어요. 고향인 마라도에

마라도 가파초등학교 마라분교와 자장면집

서 '육지'라고 부르는 제주도에 나가 자장면집에서 일하시던 현태 아빠가 귀향을 하면서 중국음식점을 차렸어요. 마라도에는 일 년 내내 낚시하러 오는 사람이 많으니까 배달 전문 자장면집을 내면 장사가 잘 될 거라 생각하셨대요. 현태 아빠는 휴대전화 한 통화면 어디든 배달을 갑니다. 절벽 아래에서 낚시하던 손님이 주문을 하면 배달통을 밧줄에 매달아 내려 보내 주기 때문에 인기 만점의 식당이 되어 텔레비전에도 소개되었어요.

그러나 초등학교 6학년인 현태는 피씨방에 가면 재미나고 신기한 새로운 게임도 할 수 있고, 친구도 많았던 제주시에 살 때를 그리워해요. 피씨방이 없는 것은 컴퓨터가 있으니까 참을 만한데 친구가 없어서 너무 심심하기 때문이지요. 실은 컴퓨터 게임도 혼자서 하는 것은 재미없어요. 전학 온 마라분교는 전교 학생이 5명뿐인데 동급생인 만덕이는 어찌 된 일인지 바다에서 노는 것만 좋아하고 컴퓨터 게임을 싫어해요. 다시 제주시로 이사 가자고 틈만 나면 졸라보지만, 아빠는 고향을 지키며 살고 싶다고 알은체도 하지 않으시죠. 장사까지 잘되니 아마 현태의 소원은 이루어지기 어려울 것 같아요.

요즘 현태는 유일한 친구인 만덕이를 놀리는 재미에 빠져 있어요. 만덕이는 마라도에만 살아서 그런지 세상 물정을 몰라 놀리는 재미가 쏠쏠해요.

"너 스타크래프트 할 줄 알아?"

"이름이 만덕이가 뭐니? 촌스럽게."

"완전, 우물 안 개구리구나?!"

꼬마 해녀 만덕이

아무리 현태가 놀려도 만덕이는 텔레비전이나 컴퓨터 게임을 하는 것보다 바다에서 노는 게 훨씬 재미있어요. 걷기도 전에 헤엄을 먼저 배워 훌륭한 해녀가 될 거라는 말을 자주 들었대요. 이제 겨우 13세이지만, 마라도 주변 바닷속을 훤히 꿰고 있어요. 어려서부터 바닷속을 누비며 자랐기 때문에 어디에 미역이 있고 언제 제일 풍성하게 자라는지, 어디 쯤 가면 바닷속 골짜기가 있는지도 다 알아요.

바다는 겉으로 보기에는 평평한 물뿐이지만, 바닷속은 육지처럼 골짜기도 있고 산맥도 뻗어 있어요. 전체가 물속에 잠겨 있지만 뾰족한 섬처럼 튀어나온 '여'도 많아요. 아무래도 여는 햇빛을 많이 받기 때문에 그 주변에는 해조류도 잘 자라고, 소라나 물고기도 많이 모여들어요. 그러나 물 위에서는 안 보이기 때문에 배들이 지나가다 부딪힐 수 있어 조심해야 해요. 남북으로 길게 누운 마라도 주변에는 이런 여가 수십 개 있는데, 만덕이는 그 이름을 모두 외울 뿐만 아니라 여마다 다른 그 주변의 물 흐름까지 알고 있어요. 이만하면 상군 해녀라 해도 되겠지요?!

제주도 바닷속 산호초

만덕이는 무엇보다 아름다운 바닷속을 알아가는 것이 재미있고 즐겁대요. 특히 여러 가지 색을 내는 산호는 정말 예뻐요. 계절에 따라 변하는 해조류와 물고기 모습도 참 신기하죠.

물 위에서 보면 늘 똑같은 바다 같지만, 날마다 다르고 계절마다 바뀌어 변화무쌍하거든요. 매일 학교가 끝나면 곧장 바다로 달려가지만 늘 새롭고 재미있어 지루하지 않아요.

이런 만덕이를 부모님은 기특해 하세요. 도시 아이들처럼 학원을 몇 개씩 다니며 공부만 하는 것보다는 고향의 생태계를 몸으로 익히고 그것을 즐기는 만덕이가 더 훌륭한 공부를 하는 것이라 굳게 믿으시기 때문이에요. 이렇게 고향 바다를 알아가는 만덕이는 어른이 되면 해녀도 될 수 있고, 해양생태학자가 되어 마라도에 해양연구소를 세울 수도 있을 거라고 늘 자랑스러워하세요.

바다로 놀러 갈래?

만덕이는 자신에게 조금 짓궂기는 하지만 전학 온 이후 늘 풀이 죽어 있는 현태에게 아름다운 바닷속도 보여 주고 친하게 지내보기로 마음먹었어요. 그래서 학교에 가지 않는 토요일에 현태네 집으로 학교 동생들을 데리고 찾아갔어요.

"우리 바다로 놀러 갈 건데 같이 가지 않을래?"

현태는 텔레비전도 재미없고 심심하던 차에 따라가고

싶은 마음은 굴뚝같았지만, 그렇게 놀렸는데도 친절하게 대하는 만덕이에게 괜히 멋쩍어져서 심술을 부립니다.

"아니, 난 컴퓨터 게임 할 거야."

"현태 형, 같이 가자."

"내가 수영 가르쳐 줄께."

아이들도 조르고 만덕이도 웃으며 자꾸 권하자 현태는 못 이기는 척 전에 아빠가 사 주신 튜브를 챙겨 들고 따라 나섰어요. 수영을 못하니까 튜브를 타고 놀 생각이에요. 여름 바다는 참 시원하고 깨끗했습니다. 만덕이가 빌려준 물안경을 쓰고 봤더니 작은 물고기들이 손에 잡힐 듯 훤히 들여다보여 텔레비전에서 봤던 것보다 훨씬 재미있어요. 하지만 수영을 못해 튜브에 꼭 매달려 놀았습니다. 만덕이가 수영을 가르쳐 주겠다고 하지만, 그동안 놀렸던 것이 왠지 부끄러워 거절하고 말았어요.

만덕이는 현태에게 수영을 가르쳐 주고 싶은데 현태가 순순히 배우려 하지 않아 서운한 마음이 들었지만, 스스로 마음의 준비를 하고 다가올 때까지 기다려 줘야 한다고 생각했어요. 현태와 학교 동생들은 물가에서 놀고 있지만 만덕이는 조금 더 깊은 바다로 구경을 나갑니다. 여름에는 햇빛이 바다 깊숙이 들어와 겨울보다 바닷속이 선명하게 보여요. 꼬마 해녀 만덕이는 어른 해녀들이 자맥질을 하고 올라와 휘이익 숨비소리를 내듯이, 물 밖에선 상상도 못할 아름다운 바닷속 세상을 보고 숨을 쉬러 물 위로 올라올 때면 숨비소리를 냅니다.

너울에 휩쓸리다

숨비소리를 내며 물 위로 올라온 만덕이는 뭔가 이상한 낌새를 느꼈어요. 갑자기 물살이 너무 잔잔해졌기 때문이에요. 순간 너울이 밀려오고 있다는 것을 깨달았어요. 너울은 조용한 듯하지만 파도보다 훨씬 힘이 세고 갑자기 밀려드는 큰 파도예요. 한 번 너울이 크게 치면 작은 배는 쉽게 뒤집힐 수도 있어요. 만덕이는 위험할지도 모른다는 생각에 아이들에게 소리쳤습니다.

"너울이야. 빨리 물 밖으로 나가! 빨리, 빨리."

너울이 치면 갯바위 근처에서 수영하던 아이들이 위험할 수 있어요. 너울은 마치 씨름선수가 메치기를 하듯이 아이들을 높이 들어 올렸다가 바닷가 바위에 내팽개쳐 버릴지도 모르니까요. 너울이 칠 때는 오히려 만덕이가 있는 깊은 곳이 잠깐 파도에 잠겼다가 떠오르면 되기 때문에 바위 해변보다 안전할 수 있어요. 특히 튜브에 온몸을 의지하고 있는 현태가 걱정이에요. 만덕이가 소리를 지르자 아이들은 허둥지둥 물 밖으로 나가는데 현태는 그런 아이들이 이해되지 않아요.

"한참 재미나게 노는데 왜 나가래? 너울이 뭐지? 튜브가 있는데 뭐가 문제라는 거야?!"

현태의 말이 채 끝내기도 전에 너울이 밀어 닥쳤습니다. 높이가 5미터는 넘음직한 거대한 너울이에요. 만덕이는 지금 해안으로 가기 위해 애쓰는 것이 더 위험하다는 것을 알아요. 그냥 잠시 파도에 몸을 맡깁니다. 그러면서도 수영을 하지 못하는 현태가 아무래도 걱정이 됩니다. 그러나 지금은 아빠의 말씀만을 기억하려 애씁니다.

'위급할 때일수록 자기 안전을 먼저 챙겨야 한단다. 내가 안전해야만 다른 사람도 도울 수 있는 거야. 비행기 안내판에도 위급 상황이 발생하면 내가 먼저 산소마스크를 쓴 뒤에 아이들에게 씌워 주라고 되어 있단다.'

너울이 넘어가서 만덕이는 물 위로 떠올랐는데 현태는 보이지 않고 튜브만 떠다닙니다. '큰일났구나' 싶어서 겁이 덜컥 나는데, 좀 떨어진 곳에서 현태가 두 손을 휘저으며 허우적대고 있네요. 여러 생각할 것 없이 반사적으로 현태에게로 다가갑니다. 다행히 현태는 정신을 잃지는 않았어요.

"등에 업혀서 내 어깨를 꽉 잡아."

만덕이는 현태에게 등을 내어 주며 말했습니다. 바닷가에서 좀 떨어져 있지만 오리발을 하고 있으니 이 정도 거리는 충분히 현태를 데리고 갈 수 있을 거라 생각했습니다. 현태를 업은 채 바위 쪽으로 헤엄쳐 나가기 시작했지만 현태가 살이 찐 편이라 무거워서 앞으로 잘 나가지 않네요.

"너도 발장구 좀 쳐 봐. 그냥 풍덩풍덩 말야."

만덕이가 현태에게 도움을 청하는데 놀란 현태는 버둥거리기만 할 뿐 도움이 안 되네요. 간신히 현태를 바닷가 바위 쪽까지 데려다 놓고 지쳐서 물속에서 잠시 쉬고 있는데 다시 너울이 밀려 옵니다. 현태를 부축하려고 바다 쪽으로 달려오던 아이들이 "또 온다!"라고 소리치며 뒤로 물러납니다. 만덕은 바위 쪽으로 다가가려다 멈칫합니다.

'오리발을 신고 있어서 바위에 올라가도 잘 걷지 못해서 바위 위로 내동댕이쳐질 수도 있어. 차라리 바다로 가자.'

만덕이 바다 쪽으로 돌아서려는 순간, 벌써 너울이 들이 닥쳐 만덕을 덮쳤습니다.

만덕이는 너울에 휩쓸려 바다 쪽으로 밀려 나가다가 옆으로 사람 같은 물체가 지나가자 무의식적으로 손을 뻗어 붙잡았어요. 바닷가 바위로 데려다 주었던 현태네요. 아마도 너울에 다시 휩쓸린 모양이에요. 만덕이는 현태의 손을 잡고 육지 쪽으로 헤엄쳐 가려고 했지만 몸이 파도에 밀려 육지에서 점점 더 멀어져만 갑니다.

'힘이 빠져서 도저히 돌아갈 수가 없어. 어떻게 하지?'

고민을 하던 만덕이는 자기들이 섬의 오른쪽으로 빠르게 밀려가는 것을 깨달았어요. 순간 덜컥 겁이 나서 울고 싶어졌어요. 옆을 보니 현태는 혼이 빠졌는지 거의 제정신이 아니네요. 언젠가 바닷가에 앉아 엄마가 해 주신 말씀이 멀리서 들려오는 듯합니다.

'바다에는 썰물과 밀물만 있는 게 아니야. 바다에는 해류라고 하는 커다란 흐름이 있어. 물론 그런 일이 있으면 안 되겠지만 혹시라도 이런 해류에 휩쓸리면 그냥 그 흐름에 몸을 맡겨야 돼. 거슬러 가려고 애를 쓰면 힘만 빠져 금방 지친단다. 해류는 강의 흐름과 비슷해서 바닷속의 골짜기가 좁으면 빠르게 흐르고 골짜기가 넓어지면 천천히 흐르게 되어 있지. 그러니까 혹시 해류에 휩쓸리게 되면 흐름에 몸을 맡기고 해류가 느려지기를 기다리다 보면 해류로부터 벗어날 기회가 반드시 온단다.'

만덕이와 현태가 너울에 쓸려 가는 모습을 멍하니 쳐다보던 아이들은 후다닥 마을을 향해 달려갔습니다. 엄마한테 혼날까봐 겁이 나기는 하지만 빨리 어른들께 알려야 만덕이와 현태를 구할 수 있을 것이라 생각했기 때문이에요. 집에서 함께 어구를 손질하던 만덕이 부모님과 식당에 계시던 현태 부모님은 깜짝 놀라시며 서둘러 해양경찰에 신고를 하셨습니다. 해양경찰 아저씨들이 곧 경비정을 타고 출동했습니다.

슴새와 바다거북

집이 있는 마라도는 이미 까마득하고 한라산 꼭대기가 보일락 말락 할 때마다 만덕이는 희망과 절망 사이를 오갑니다. 현태는 이제 거의 정신을 잃은 것 같아요.

'나는 해녀의 딸이야. 바다는 어머니 품이나 마찬가지인 걸. 우리는 절대 죽지 않아.'

이렇게 마음을 다잡고 있는데 슴새 한 마리가 눈앞에서

날고 있습니다. 슴새가 날면 고기가 많기 때문에 행운을 뜻한다고 한 엄마의 말이 떠올라 기분이 좋아지려고 하는데, 어디에선가 바다거북 한 마리가 헤엄을 치며 나타났습니다. 전에는 한 번도 본 적이 없는 커다란 거북이네요. 바다거북은 용왕님의 딸이라 해녀를 도와준다고 해녀들은 누구나 믿고 있어요. 먼바다에서 조난당한 사람이 바다거북의 등에 업혀 목숨을 구한 적이 있는 것도 만덕은 알고 있지요. 그런 바다거북이 내게 다가오다니……. 만덕은 너무 기뻐 눈물이 났습니다.

만덕이 바다거북에게 다가가 현태를 끌어당겨 등에 태우고 자신도 업혔습니다. 숨을 쉴 수 있게 되자 현태가 정신이 드는 모양이에요.

푸른바다거북

"만덕아, 여기가 어디야?"

"우리는 지금 바다 한가운데 있어. 바다거북이 우리를 태워 주고 있어!"

"뭐, 바다거북?"

현태는 딱딱하고 푸르스름한 바다거북의 등을 손으로

만져 보았습니다. 꿈만 같은 일입니다. '내가 바다거북을 타고 있다니.' 마치 기다리기라도 한 듯이 바다거북이 발을 저어 앞으로 나아가기 시작합니다. 멀리 육지가 얼핏 보이네요. 만덕이는 용기가 생겨 자기도 함께 오리발을 저었습니다. 현태도 바다거북과 만덕이를 도와주고 싶었지만 마음뿐이에요. 바다에 빠져 허우적대느라 손가락 하나 까닥할 힘도 없습니다. 현태는 만덕이 돕는 것을 포기하고 바닷물에 얼굴을 담그고 바다구경을 하기로 합니다. 다행히 만덕이가 빌려 준 물안경이 목에 걸려 있었어요.

빠르지는 않지만 천천히 나아가다 보니 해류를 벗어난 것 같아요. 만덕이가 바다거북을 도와 계속해서 오리발을 저었더니 육지가 점점 더 가까이 다가오네요. 만덕이와 현태는 마침내 모래사장에 도착했어요. 해는 이미 저물고 있었습니다.

다시 가족의 품으로

늦게까지 해수욕을 즐기던 사람들은 등에 소년과 소녀를 태우고 다가오는 바다거북을 보고는 깜짝 놀라 모여 들었습니다. 만덕이와 현태는 기운이 완전히 빠져 버렸지만,

살아 있다는 것만으로도 행복했어요. 무슨 일이냐고 묻는 사람들에게 부모님의 휴대 전화번호를 알려 주고는 연락을 부탁했습니다.

해수욕장에 있던 사람들은 바다거북이 사람 목숨을 구했다며 막걸리를 사와 밥과 함께 먹이고 바다로 돌려보냈습니다. 바다거북을 신령스런 생물인 영물로 여기는 이 마을의 풍습이래요. 만덕이와 현태도 고마움을 표현하기 위해 바다거북을 향해 큰 절을 올렸습니다.

"바다거북 님, 저희 생명을 구해 줘서 고마워요."

사람들의 연락을 받은 만덕이와 현태 부모님들이 부랴부랴 중문해수욕장으로 달려 오셨습니다.

"엄마, 바다거북이 구해 줬어요."

엄마를 본 현태가 울먹이며 말하자 모두 부둥켜안고 감격의 눈물을 흘렸습니다.

만덕이가 들려주는 바다거북과 제주도 이야기

바다거북은 아주 오래 전부터 지구에 살고 있었던 바다생물이야. 가장 오래된 바다거북 화석은 지금으로부터 1억 5000만 년 전에 살았던 것이래. 공룡이 살았던 시대에 바다거북도 함께 있었던 거지. 바다거북은 수명이 길어서 100년이 넘게 장수하며 살아가는 동안 아주 먼 거리를 여행해.

그런데 신기하게도 현재 살아 있는 바다거북은 딱 8종류밖에 없어. 등딱지가 가죽으로 되어 있고 세로줄이 나 있는 장수거북과, 우리가 흔히 수족관에서 볼 수 있는 바둑판 모양의 등딱지가 있는 7가지 종류의 거북들이지. 대부분의 바다거북은 주로 열대나 아열대지방에 서식하는 것으로 알려져 있는데, 실은 우리나라에도 바다거북이 살고 있어.

붉은바다거북

우리나라에는 푸른바다거북, 붉은바다거북, 매부리바다거북, 장수거북 이렇게 4종이 발견된대. 그런데 우리나라 바다에 바다거북이 알을 낳는 산란지가 있는지는 확실하지 않아. 보통 우리나라에서 발견되는 바다거북은 남중국해나 일본에서 태어나 우리나라까지 이동해 오는 것이라 생각하고 있어.

그럼 제주도와 바다거북이 무슨 상관이냐고? 들어봐. 우리나라 바다거북의 생태는 잘 알려져 있지 않아. 그런데 얼마 전부터 우리나라에서도 바다거북의 등에 인공위성 추적 장치를 달아서 바다거북이 어디로 옮겨다니는지 살펴보는 연구가 시작되었대. 그래서 바다거북이 제주도 부근 바다에 오랫동안 머무른다는 사실도 알게 되었지. 한 마디로 제주도가 바다거북의 중요한 서식지일 것이란 가설이 점점 더 확실해지고 있는 거야. 더불어 더 많은 바다거북들이 제주도 주변에 살고 있을 것이라는 사실도 뒷받침해 주는 것이고. 제주도 바다는 그 만큼 바다거북들에게 중요한 지역인 거야!

2부 생물다양성이란?

생물다양성이 무엇이에요?

만덕이와 현태는 부모님과 함께 마라도로 돌아왔어요. 오늘은 정말 꿈속 같은 하루였습니다. 다음날 아침 현태는 일찍 눈을 떴습니다. 어제 일이 마치 영화처럼 머리를 스치고 지나갑니다. 태어나 처음으로 구경한 바닷속 광경은 그저 신기할 따름이에요. 그저 늘 푸르고 잔잔한 수평선뿐인 줄 알았는데, 그 아래에 그토록 여러 가지 생물들이 어울려 살고 있는 세계가 있었다니……. 현태는 바다에 대한 궁금증을 풀어야겠다는 생각에 벌떡 일어나 만덕이네로 달려갔

제주도 바닷속 해조류 숲과 물고기 떼

습니다.

"만덕아, 어제 바닷속에서 정말 많은 것들을 본 것 같아. 커튼처럼 펄럭거리는 풀도 있었고, 구멍이 뻥뻥 뚫린 반짝거리는 조개랑 떼를 지어 다니는 작은 물고기, 그리고 바닥에서 풀썩풀썩 점프하는 납작한 물고기……."

"정신을 온전히 잃은 줄 알았더니 볼 건 다 봤구나?! 하하. 풀처럼 보인 것은 미역일 테고, 구멍 뚫린 조개는 전복, 물고기는 자리돔 떼와 넙치일 것 같은데. 모두 제주도에서 많이 나는 해산물들이야."

"놀라기는 했겠지만 도시에서만 생활하던 현태가 새로운 세계에 다녀오기는 했구나. 처음 본 생물들이 많았었나 보네. 원래 제주도는 우리나라의 다른 바다보다도 생물다양성이 아주 풍부한 곳이란다."

언제 나오셨는지 만덕이 아버지께서 웃으며 말씀하셨습니다. 만덕이 아버지는 만덕이와 현태가 다니는 가파초등학교 마라분교의 선생님이에요.

"생물다양성이요? 생물이 다양하다는 말인가……."

"그래, 네 말대로 생명체의 다양함을 뜻한단다. 그런데 단순히 생물의 종류가 다양한 것뿐만을 가리키는 것이 아니라 그 생물들이 생활하고 있는 주변 환경의 다양함, 그리고 생물들의 유전적 요소들의 다양함 등 생물에 관한 모든 내용을 통틀어 이야기하는 거지."

"휴, 처음 들었을 때부터 어려울 거라고 생각했어요."

"어려울 게 없는데……. 너희들 지구에 몇 종류의 생물들이 살고 있을 것 같니?"

"글쎄요. 생각해 본 적은 없지만 적어도 수만 종은 되지 않을까요?"

"수만이라……. 실제로는 그보다 훨씬 많단다. 과학자들이 현재까지 다른 종과 다르다고 구별해서 분류해 놓은 종만 해도 150만 종에 이른단다. 아직까지 분류하지 못했거나 아예 발견되지도 않은 종까지 합하면 적어도 1억 종 이상의 생물들이 지구에 살고 있을 거라고 짐작하고 있단다."

"1억!!! 헉, 그렇게 많아요?"

"그래. 매년 동식물은 물론 박테리아까지 새로운 종들이 계속해서 발견되어 보고되고 있단다. 특히 바다에는 무한하다고 표현해도 좋을 만큼 많은 생물종들이 살고 있어서 앞으로 더 다양한 생물들이 발견될 거란다."

"바다가 넓기는 넓군요. 대단하네요."

"있잖아, 현태야. 그런데 그 생물들은 생물마다 각각 좋아하는 환경이 달라. 그래서 같은 바다라도 산호초가 몰려 자라는 곳이 있는가 하면 해조류가 많은 곳이 있고 그래.

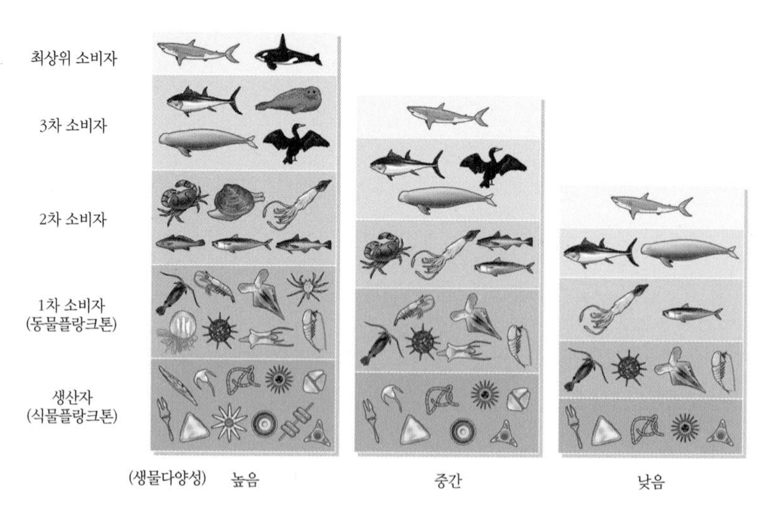

생물의 다양성

아, 깊은 바다와 얕은 바다에 사는 생물이 다르고, 따뜻한 곳과 시원한 곳에 사는 생물들도 다 다르고."

"만덕이 말이 맞단다. 보통 바다든 육지든 날씨가 따뜻한 쪽으로 갈수록 생물의 종은 다양해지는 편이지."

생물다양성의 수준

생물종 다양성

"생물다양성이란 말 그대로 생물이 다양한 거네요, 아빠. 그중에서 종이 다양한 것을 종 다양성이 풍부하다고 말씀하신 거죠?!"

"그래, 만덕이 말대로 생물다양성은 생물종, 생태 환경, 유전적 요소 등이 모두 다양성을 가진다는 뜻이지. 그중에서 종 다양성은 바로 생물종 다양성과 같은 뜻이고."

"선생님, 종은 물고기, 바닷새 같은 것을 말하는건가?"

"종種의 의미를 알고 있었던 것이 아니었구나?"

"네, 전 그냥 종류를 말한 건데, 선생님 말씀을 듣다 보니 아닌 거 같아서요."

"그럼, 생물 분류 공부부터 좀 해야겠는 걸?!"

"분류! 그건 좀 어려울 것 같아요, 아빠."

"별로 어렵지 않단다. 서로 비슷한 점이 있는 생물들을 한 무리로 묶고, 같은 무리 안에서 다시 비슷한 점과 다른 점을 구분해서 묶거나 나누는 과정을 분류라고 하지. 흔히 생물을 동물 또는 식물로 나누잖니?"

"네에."

"여기서 동물과 식물은 각각 하나의 큰 무리가 되는 거란다. 동물 안에서는 척추라고 부르는 등뼈가 있는 척추동물과 등뼈가 없는 무척추동물로 나누지. 그리고 척추동물 안에서 젖먹이 동물인 포유류, 날아다니는 새, 거북과 같은 파충류, 땅과 물 양쪽에서 살 수 있는 양서류, 물고기인 어류 등으로 다시 나누는 거야."

"아, 알겠어요. 그렇게 공통점을 줄여 가며 나누다 보면 바다거북까지도 내려올 수 있는 거죠?"

"그렇지. 가장 넓은 무리에서 가장 좁은 무리까지 분류한 각각의 단계를 계-문-강-목-과-속-종이라 이름 붙여 부른단다. 이것이 바로 분류 체계라는 것이야. 범위가 가장 넓은 것이 '계' 그리고 가장 좁은 것이 '종'이지. 바로 생물종 다양성의 '종'과 같은 말이란다."

"선생님, 저는 아직도 무슨 말인지 잘 모르겠는데요."

"그럼, 예를 하나 들어 볼까? 방금 전 만덕이가 이야기 한 바다거북은 동물이니 식물이니?"

"그야 물론 동물이지요."

"그럼 바다거북은 포유류일까 파충류일까?"

"파충류요! 에이, 저도 그 정도는 알아요."

"그래, 바다거북을 분류 체계에서 살펴보면 동물계–척삭동물문–파충강–거북목–바다거북과까지 내려온단다. 그런데 알고 보면 바다거북은 하나의 종이 아니라 서로 다른 8종이 있어. 그중 하나인 붉은바다거북을 예로 들면, 바다거북과 가운데에서도 붉은바다거북속–붉은바다거북종에 속하지."

"아하, 분류라는 게 그러니까 나뭇가지처럼 뻗어나가는 거네요. 분류를 할수록 점점 잔가지가 많아지는 것처럼요!"

"현태가 아주 좋은 비유를 했구나. 그렇게 분류되는 종의 수가 많을수록 생물종 다양성은 '높다'고 말하는 거란다."

생태계 다양성

"생물종 다양성이 높으면 생물다양성도 높겠네요?"

"대체로 그렇기는 하지만, 생물다양성은 단순히 종 다양성으로만 설명할 수는 없어. 생태계의 다양성도 아주 중요하단다."

"생태계요? 어디에선가 들어 보기는 했는데……. 선생님 생태계가 정확히 뭐예요?"

"생태계는 생물종들과 그 생물종들이 살아가는 환경 전체를 말한단다. 물, 흙, 공기, 햇빛, 그리고 박테리아부터 눈에 보이는 모든 생물들을 포함하지."

"에이, 그게 뭐예요. 그냥 '전부 다'라고 하면 되겠네요."

"하하. 맞는 말이기도 하고, 틀린 말이기도 하단다. 그런 모든 것들이 서로 연결되어 있는 하나의 시스템이라는 점에서는 맞는 말이지만, 그렇다고 지구상에 하나의 생태계만 존재하는 것은 아니니까 틀린 말이기도 하지."

"내가 바다생물마다 살고 있는 환경이 다르다고 했잖니."

"그래 바다뿐만이 아니야. 사막과 바다는 전혀 다르잖니? 덥고 건조한 사막 환경에서 살 수 있는 동식물이 있고, 춥고 짠물로 가득 찬 바다에 살 수 있는 동식물이 따로 있지. 그래서 사막과 바다의 생태계는 서로 다르다고 이야기하는 것이고."

"아, 그렇게 치면 생태계 종류가 정말 많겠네요. 숲도 있고, 북극도 있고……."

"그래. 섬도 있고, 고산지대도 있고, 열대우림도 있지. 세분화해서 나눌수록 생태계의 종류는 더욱 많아진단다. 갯벌만 해도 모래갯벌, 진흙과 모래가 섞인 갯벌, 진흙으로만 이루어진 갯벌이 있지. 이것 또한 서로 다른 생태계라고 이야기할 수 있어."

"아빠, 그래서 같은 갯벌이라도 낙지가 많이 잡히는 곳과 백합이 많은 곳이 있는 거예요?"

"그래. 같은 갯벌이지만 그 안에는 우리가 쉽게 느끼지 못할 만큼 작은 환경의 차이가 있는데, 그것 때문에 그곳에 사는 생물들이 달라지는 거란다. 바로 이런 점 때문에 다양한 생물종을 지키려면 생태계의 다양성도 유지해야 한다고 말하는 것이지."

"그래서 생태계 다양성이 중요하다는 거군요. 생물들이 살아갈 수 있는 환경이, 그러니까 생태계 종류가 다양해야 다양한 생물들이 살 수 있으니까. 그 말이 그 말인가……."

현태가 멋쩍은 듯 머리를 긁적거립니다.

"현태, 네 말이 맞아. 정확히 이야기하자면 생태계 다양

다양한 유형의 생태계 1. 연안 생태계 2. 극지 생태계 3. 고산지대 생태계 4. 열대우림 생태계

성은 다양한 종류의 생태계를 말하기도 하고, 하나의 생태계 내의 구조와 활동의 다양성을 가리키기도 한단다."

"아빠, 그런데 어떤 생태계에 살던 동식물이 다른 생태계로 이사를 와서 살 수는 없어요?"

"그건 각각의 동식물들이 새로운 환경에 얼마나 견딜 수 있는가에 달려 있지. 그렇지만 한 가지 기억할 것은, 현재 지구상에 살고 있는 생물종들이 어느 날 '짠' 하고 나타난 것이 아니라는 사실이야. 각각 수천, 수만 년이 넘는 시간 동안 자신이 살고 있는 환경의 온도나 습도 같은 기후와 땅의 성질 같은 특수한 조건들에 적응을 해 온 거란다. 그런데 그런 조건들이 하루아침에 바뀌면 잘 살 수 있겠니?"

"아니요. 깜짝 놀랄 것 같아요."

"그래. 뿐만 아니라 갑작스럽게 생태계가 변화하면 생물종들이 떼죽음을 당할 수도 있어. 그래서 우리가 생태계를 안정적으로 잘 유지하는 것이 아주 중요하단다. 그게 바로 생태계 다양성을 지키는 길이지."

유전적 다양성

"아빠, 아까 생물종과 생태계의 다양성 말고 유전적 다양성도 포함된다고 하셨는데 이건 도무지 무슨 말인지 모르겠어요."

"이것도 알고 나면 그렇게 어렵지 않단다. 유전자라는 말을 들어본 적은 있지?"

"음, 뉴스에서 본 것 같아요. 무슨 병을 일으키는 유전자가 발견됐다는……."

"그래, 아마 어디에선가 분명 들어봤을 거야. '유전'이란 부모가 자식에게 물려준다는 뜻인데, '유전자'라는 것은 이렇게 대대손손 전해지는 특징들에 관한 정보를 담고 있는 물질이란다. 만덕이는 아빠를 닮아서 쌍꺼풀이 있잖니? 그건 아빠가 만덕이한테 물려준 특징이지. 그런 특징들이 우리 몸속에 있는 유전자 속에 기록되어 있는 것이란다."

"그럼 유전자는 어디 있는데요? 볼 수 있어요?"

"하하, 볼 수 없을 만큼 작단다. 조금 전에 생물 분류를 이야기하면서 '종'이 가장 낮은 수준이라고 했었지?"

"네."

"그런데 기술이 발달하면서 종을 이루고 있는 물질, 즉 세포의 분자分子 이하 크기까지 볼 수 있게 되었지. 이렇게 눈에 보이지 않는 작은 물질의 생명 현상을 연구하는 학문

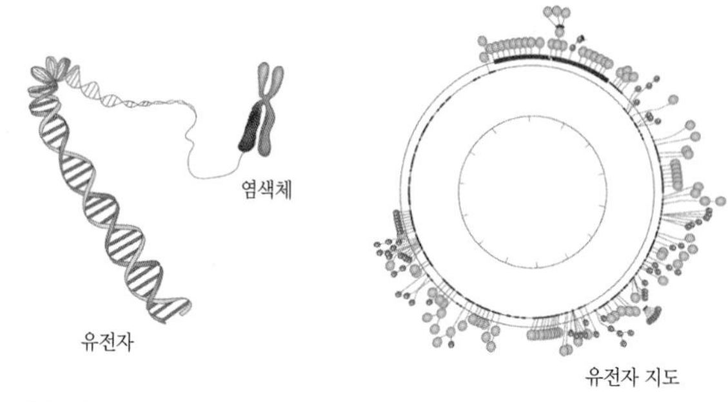

유전자와 유전자 지도

을 분자생물학이라고 하는데, 분자생물학이 발달한 지금은 유전자의 구조인 염기서열이라는 것까지 엿볼 수 있게 되었어. 같은 종 안에도 유전자의 염기서열이 매우 다양하다는 사실을 확인했단다. 생물의 세포를 구성하고 유지하는 모든 정보가 담겨 있는 유전자의 차이, 곧 생물종보다 더 낮은 수준에도 다양한 차이가 있다는 것을 알게 된 것이지."

"아빠, 그리고 그 눈에 보이지 않는 유전자들의 다양함도 생물다양성으로 인정한 것이군요."

"눈에 보이지 않는데도 다양하다는 것이 중요한가요?"

"그럼. 눈에 보이는 생물종과 마찬가지로 유전자가 다양하다는 것은 지구상에 많은 종류의 생명체가 존재한다는 뜻이니까. 반대로 유전적 다양성이 줄어든다는 것은 마치 생물종이 멸종하는 것이나 마찬가지라고 볼 수 있지. 그런데 유전적 다양성이 최근 들어 관심의 대상이 된 특별한 이유가 따로 있단다."

"그게 뭔데요?"

"유전자는 다양한 정보를 담고 있다고 했지? 그중에는 우리가 살아가는 데 유용하게 이용할 수 있는 생명 현상을 담고 있는 유전자들이 있거든. 예를 들면 난치병을 치료할 수 있다거나 살을 빼게 할 수 있는……."

"우와! 정말 살도 뺄 수 있어요? 저요, 저요. 전 조금만 더 뚱뚱해지면 분명 친구들이 놀릴 거에요."

"하하. 이처럼 유전자의 의학적, 공학적 재료로서의 중요성이 커지면서 자연히 유전적 다양성을 지키자는 목소리가 높아진 것이지. 한 번 지구상에서 사라지면 다시 살릴 수 없거든. 게다가 쓸모가 있다는 것은 유전자가 곧 귀중한 경제적 자원이 된다는 말과 같아서 각 나라들은 그 나라 고유의 유전자원을 지키기 위해 노력하고 있단다."

"유전자원을 지킨다고요?"

"그래. 예전에는 경제적으로나 과학기술이 발전하지 못한 나라들에 있는 다양한 유전자원을 선진국들이 마음대로 가져다가 필요한 물질들을 추출해서 마음대로 특허를 내고 상품으로 만들기도 했었거든."

"그건 옳지 않은 일 같은데, 아닌가요?"

"그래서 지금은 국제적으로 「생물다양성협약」 등을 맺어 다른 나라의 유전자원을 마구 가져가 사용하거나 그것을 상품으로 만들 수 없도록 약속해 놓았단다. 그렇지만 보이지 않는 곳에서는 여전히 비슷한 일들이 벌어지고 있지."

"어, 그건 도둑질이잖아요."

"맞아. 주인 몰래 생물자원을 훔쳐내는 것이라고 해서 '생물해적질biopiracy'이라고 하지."

"선생님, 이제 보이지 않는 것도 보이는 것만큼 귀중하다는 것을 알겠어요."

"아빠, 결국 생물의 종과 그들이 살아가는 환경, 그리고 그들이 갖고 있는 유전적 조건 등이 모두 중요하고, 이 모두를 잘 보살펴야 생물다양성도 지킬 수 있단 말씀이죠?!"

"빙고!"

3부 생물다양성은 왜 중요할까?

'생물다양성'의 등장

"다양한 생물들을 이용해서 병도 고치고, 다이어트도 할 수 있게 된다면 참 좋을 것 같아요. 그런데 그런 이유 때문에 생물다양성이 중요한 건가요?"

"음, 한 마디로 대답하기 어려운 질문인걸. 생물다양성이 중요하고 이를 보전해야 하는 이유는 많은데 설명하기는 쉽지 않아서……. 아, 처음부터 찾아올라가 보자. 사람들이 언제부터 생물다양성이라는 말을 사용했을 것 같니?"

"그야 당연히 오래 되었겠지요. 생물다양성이 중요하다

고 하셨잖아요."

"그럴 것 같지? 많은 사람들은 생물다양성이라는 말이 아주 오래 전부터 사용되었을 것이라고 생각하지. 그런데 알고 보면 생물다양성이라는 말이 세상에 나온 지는 30년밖에 되지 않았단다."

"네에? 30년이면 오래된 거 아닌가요? 저랑 현태가 태어나기 훨씬 전인데……."

"학문적인 용어가 새로 생겨서 자리를 잡기까지는 오랜 시간이 걸리기 때문에 30년은 그렇게 긴 시간이 아니야. '생물다양성 biodiversity'이라는 말이 널리 사용되기 시작한 첫 번째 계기는 1986년 미국의 보전생물학자들이 모여 회의를 한 '전국생물다양성포럼'이었단다. 그리고 두 번째는 1992년 리우 유엔환경개발회의에서 「생물다양성협약」을 채택하면서 이 말이 전 세계적으로 쓰이게 되었지."

"현태야, 그런데 '생물다양성'이라는 말이 갑자기 국제적으로 관심을 끌 만큼 인기가 좋아진 까닭이 뭐라고 생각하니?"

"글쎄, 난 모르겠는데. 왜 그런지 만덕이 넌 알아?"

"우리가 살고 있는 지구의 자연이 빠르게 파괴되어 가

고 있다고 하잖아. 우리 곁에 살던 생물들이 심각할 정도로 빠르게 줄어들거나 사라져 가고 있다는 사실을 사람들이 깨닫기 시작했기 때문인 것 같아."

"그래, 만덕이 말이 맞단다. 우리 사회가 급속히 발전하면서 도시를 건설하려고 숲을 베어 내고, 더 많은 육지를 만들기 위해 바다를 메우게 되었지. 그 과정에서 원래 있던 숲과 바다에 살던 동식물들이 살 곳을 잃고 생명에 위협을 받았단다. 그런데 처음에는 그 수가 적어 알지 못하다가 시간이 흘러 멸종되는 동식물이 눈에 보일 만큼 자연이 파괴된 후에야 깨닫게 된 거야. 그때서야 사람들은 언젠가 지구에 처음부터 생물이란 없었던 것처럼 생물들이 완전히 사라져 버릴지도 모른다는 위기감을 느끼게 되었지. 그래서 '생물다양성'을 새삼 생각하게 된 거란다."

"정말 그런 끔찍한 일이 일어날 수 있단 말이에요?"

"실제로 일어날 수 있는 일이래. 환경에 민감한 동물이나 식물들은 더 쉽게 사라질 수도 있다고 하셨어."

"이미 멸종되어 버린 동식물도 많단다. 혹시 콜럼버스라는 사람에 대해 들어본 적이 있니?"

"아메리카 신대륙을 발견한 위대한 탐험가잖아요."

"그런데 아이러니하게도 콜럼버스 이후 많은 사람들이 세계를 탐험하고 새로운 세계에 정착하게 되면서 많은 생물종들이 멸종되었단다. 예를 들면 호주, 뉴질랜드, 하와이 같은 곳에서 말이야. 특히 안정된 생태계를 유지하고 있던 섬에서 종종 그런 일이 일어났단다. '멸종' 하면 떠오르는 대표적인 생물로 도도라는 새가 있는데, 도도는 인도양 모리셔스 섬에서만 살던 날지 못하는 새였어. 굳이 날 필요가 없었기 때문에 날개가 퇴화되어 버렸지. 그런데 사람이 살지 않던 모리셔스 섬에 1505년부터 사람들이 들어가 개척을 하면서 그 수가 줄어들다가 17세기 말에는 완전히 멸종되어 버렸어."

"슬픈 이야기네요."

"그런데 더 안타까운 일은 사람들이 미처 생물다양성이라는 것을 생각해 내기도 전에 멸종되어 버렸기 때문에 표본조차 남아 있지 않다는 거야. 우리는 옛날 사람들이 스케치해 둔 그림으로만 도도의 모습을 추정할 수 있을

도도 _실제 모습을 알 수 없어 남아 있는 문헌과 그림을 바탕으로 재현한 모형이다.

뿐, 실제로는 어떻게 생겼는지 전혀 알 수가 없단다."

"세상에 그런 일이 있었다니……. 그런데 아빠, 우리나라에도 멸종된 종들이 있나요?"

"물론. 대표적으로 동해에 살던 강치가 있단다. 강치는 물범과 비슷하게 생긴 바다사자류인데, 특히 독도에 집단을 이루어 살고 있었다고 알려져 있지. 그런데 강치의 가죽과 피부밑지방이 비싼 값에 팔리면서 마구 잡아들이더니, 결국 완전히 사라져 버리고 말았단다. 그 외에 한국 호랑이나 늑대, 여우 등도 비록 지구상에서 완전히 사라진 것은 아니지만, 적어도 남한에서는 자연 상태에서 전혀 발견되지 않으므로 거의 멸종된 것이나 다름이 없지. 물론 멸종될 위기에 놓인 식물들도 많단다. 이런 종들을 통틀어 멸종위기종endangered species이라고 해."

"선생님……. 그렇게 사라진 생물 중에 설마 다이어트에 도움이 될 만한 건 없겠죠?"

"글쎄, 절대 없었다고 단정 지어 말할 수는 없겠는걸."

"그렇지만 현태야, 생물들은 사람에게 직접 도움을 주기 때문에만 중요한 게 아니야. 생물들은 서로 먹이사슬이라는 관계로 연결되어 있어. 너 약육강식은 알지?!"

"얘가 날 완전히 얕보네. 먹이피라미드쯤은 나도 안다, 뭐."

"앗, 미안. 그럼 설명이 쉬워지겠는걸, 헤헤. 먹이피라미드에서 어느 한 단계의 생물이 없어져 버리면 먹이사슬이 자연스럽게 연결되지 않을 테니 자연의 질서는 저절로 무너질 수밖에 없잖아. 그럼 그 맨 위에 있는 인간도 위기에 처하게 될 거고."

"그렇겠지. 인간이 아무리 위대하다고 해도 생물을 창조해 내지는 못하니까……."

"그렇지만 아까 현태는 아주 중요한 것을 지적했단다. 생물다양성이 사람들에게 주는 이로움 중의 하나가 바로 의약품의 재료가 된다는 것이거든. 현태가 원하는 다이어트 약품도 그중 하나이고, 은행나뭇잎은 흔히 치매라고도 하는 알츠하이머병을 치료하는 약재로 쓰이지. 두통이 있을 때 먹는 아스피린도 원래는 버드나무 껍질에서 나오는 화학물질을 이용해 만들었단다. 물론 이제는 그 화학물질을 인위적으로 합성할 수 있지만, 만약 버드나무가 없었다면 아스피린은 개발되지 못했을지도 모르지."

"아빠, 그런데 생물들이 우리에게 선물하는 것은 의약

품 재료 말고도 많잖아요?"

"물론이지. 매일 우리 밥상에 오르는 음식의 재료들도 알고 보면 모두 생물이거나 그것을 가공한 것들이잖니."

"맞다. 가구나 종이의 재료도 제공해 줘요."

"그렇게 직접적인 것뿐만 아니라 생물들은 환경을 조절하는 역할도 한단다."

"환경을 조절한다는 게 무슨 말인데요?"

"응, 그러니까 육상에서는 풀이나 나무, 그리고 바다에서는 식물플랑크톤과 해조류 같이 광합성을 하는 친구들이 이산화탄소를 흡수하고 산소를 내어 놓아 지구의 기후를 조절하는 역할을 하고, 땅속에서도 분해자들이라 불리는 각종 생물들이 쓰레기와 유기물을 분해해서 다시 자연으로 되돌려 보내는 역할을 한다는 거야. 눈에 보이지는 않아도 생물들의 이런 행동들이 모두 지구의 환경을 조절하는 것이란다."

동식물플랑크톤 현미경 사진

"와, 일상적으로 벌어지는 일들이 그렇게 큰 의미가 있는 거예요?"

"아빠, 그래서 지구가 살아 있다고들 말하나 봐요?"

"그렇지. 그뿐만이 아니라 우리가 평소 사용하는 물건 중에는 알고 보면 생물들이 살아가는 원리를 응용해 만들어진 것들이 많단다. 예를 들면 우리가 '찍찍이'라고 부르는 벨크로 접착포는 갈고리처럼 많은 돌기를 가지고 있는 도꼬마리나 도깨비바늘 같은 식물들이 옷에 잘 달라붙는 성질을 보고 발명하게 된 것이고, 연잎 표면에 있는 무수한 털이 물방울을 흡수하지 않고 굴러 떨어지게 하는 것을 보고 발명한 제품이 바로 방수 스프레이란다. 이렇게 생물들의 능력을 재현해 적용하는 기술을 생체모방공학biomimetics이라고 하지."

"우와, 대단하네요."

"그렇지?! 참, 현태는 혹시 동물이나 식물을 보고 그림을 그리거나 글을 써 본 적이 있니?"

"사생대회나 글짓기대회에 나가면 매번 하는 거잖아요. 손톱만 한 꽃잔디를 그린 적도 있고, 바람에 흔들리는 나뭇가지를 보고 시를 쓴 적도 있어요."

"자연은 그렇게 문학이나 음악 등 예술적 영감을 불어

넣어 주기도 한단다."

"숲에 가서 새소리를 들으며 몸과 마음의 위안을 받기도 하고, 탁 트인 바다로 휴가를 오기도 하잖아요."

"그래, 그렇게 자연은 끊임없이 인간에게 영향을 끼친단다. 생물다양성이 건강하게 유지되지 않으면 이 모든 일들은 불가능해질 테지."

"음……, 그렇겠군요."

"아빠, 그럼 생물다양성이 건강하게 보전되지 않으면 우리가 지금 보는 저 아름다운 바다의 모습도 변하겠네요."

현태는 어제 보았던 바닷속 풍경을 다시 한 번 떠올려 봅니다. 너무나도 아름답고 경이로웠던 모습을 어쩌면 다시는 볼 수 없을지도 모른다고 생각하니 마음이 아픕니다.

자연과 사회 _바다와 해녀

함께 어려움을 겪은 때문인지 현태는 만덕이가 오랫동안 친하게 지낸 친구처럼 느껴집니다. 요즘은 매일 아침마다 산책도 같이 합니다. 지형이 편평한 작은 화산섬인 마라도에는 해안선을 따라 산책로가 있는데, 그 길이가 4.2킬로미터밖에 되지 않아 이야기를 하며 천천히 걸어도 한 시간이 채 걸리지 않습니다. 제주도에서 배로 30분밖에 걸리지 않아서 매일 많은 관광객이 찾아오기 때문에 이곳 주민들은 주로 아침 일찍이나 저녁시간을 이용해서 여유롭게 산책을 합니다.

"음, 상쾌하다. 만덕아, 너도 물질하러 바다에 자주 들어가니?"

"응, 노는 토요일마다. 나도 우리 할머니나 엄마처럼 해녀야."

만덕이 자랑스럽게 대답합니다.

"대단하다. 난 해녀는 제주도 본섬에만 있는 줄 알았는데, 이곳 마라도에도 해녀가 참 많더라."

"맞아. 손바닥만 한 섬이라고들 하지만, 해녀들에게 마라도는 보물섬이야. 농사지을 땅은 적고 지금처럼 관광객이 많이 오지도 않던 시절에 이곳 사람들이 기댈 곳은 바다뿐이었을 테니까. 남자들은 배를 타고 나가 고기를 잡았고, 여자들은 물질을 해서 전복과 소라, 미역과 톳 등을 따다가 생활에 보태야 했어. 다행히 맑은 바다에서 나서 그런지 마라도 해산물은 비싼 값에 팔려."

"해녀들에게 바다는 남다른 의미가 있겠구나."

물질하는 제주도 해녀

"응, 해녀들에게 바다는 농부들에게 논밭만큼 귀중한 의미야. 온몸을 움직여 일한 만큼 바다가 주는 선물을 받을 수 있으니까. 요즘은 전복이 예전만큼 잘 나지 않아서 밭에 씨를 뿌리듯이 전복 씨조개종패를 뿌리기도 하지만, 원래 해녀는 심은 것을 거두는 것이 아니라 자연이 기른 것을 거둬 오는 일을 하니까, 바다의 의미가 특별할 수밖에 없어."

"음, 그렇구나. 그런데 왜 전복은 예전보다 덜 잡히는 건데?"

"나도 잘은 모르는데, 제주도 주변에 양식장이 많이 생기고 관광객들이 늘어나면서 섬에서 흘러나가는 폐수가 늘고 쓰레기가 많아져 바닷물이 오염되었기 때문이라고 엄마가 말씀하신 적이 있어. 처음에는 미역 같은 해조류가 줄어들더니 이제 전복 같은 조개류도 나오는 양이 줄고 크기가 작아졌대. 바다에 들어가 봐야 딸 것도 없이 황폐하니까 잠수를 그만 두시는 해녀들도 늘어나는 것이래."

"바다가 오염되어서 하시던 일을 그만 두어야 한다니 참 슬프다. 그래서 바다의 건강이 해녀들의 삶과 직접 연결되어 있다고들 말하는 거구나."

"응, 바다의 환경이 변하고 그 속에 사는 생물들의 생활환경 등이 나빠지면 해녀들이 잡을 수 있는 생물의 수와 종류도 줄어들기 때문이야. 밖에서 보면 물속을 들락날락 편하게 수영하는 것처럼 보일지도 모르겠지만, 실제로는 숨도 쉬지 못하는 상태에서 바닷속 압력을 견디며 해산물을 찾아야 하니까 굉장히 힘들어. 그렇게 고생을 하는데 해산물이 잘 안 잡히면 누가 계속해서 물질을 하겠냐고?!"

"그럼 해녀의 수가 줄어들고 있는 거야?"

"응, 힘든 만큼 보람이 없으니까 이제는 자신의 딸에게 물질을 가르치는 해녀가 많이 줄었대. 일을 이어갈 후계자가 없으니 그 수는 당연히 줄어들겠지."

"그래서 할머니 해녀가 많구나."

"응, 젊은 해녀가 거의 없어. 우리 동네 해녀 중에 우리 엄마가 제일 젊어. 엄마가 태어난 1970년대에만 해도 제주도 해녀가 1만 4000명이 넘었다는데 지금은 5000명밖에 안 된대. 무려 2/3나 줄어든 거지."

"정말? 그러다 해녀라는 직업이 아예 없어져 버리는 건 아닐까?"

"그럴지도……. 슬프지만 어쩌면 해녀의 삶과 문화를 박물관에서나 보게 될지도 몰라."

"헉. 바다와 해녀들의 삶이 그렇게 밀접하게 연관되어 있는지 몰랐어. 그러면 바다가 되살아나면 해녀도 다시 늘어날까?"

"그렇게 될 수 있다면 얼마나 좋겠니. 근데, 바다가 예전처럼 풍요로워지면 너도 해녀가 되어 보고 싶니?"

"나? 호호. 한번 해 볼까?!"

"그럼, 해녀가 아니라 해남이 되는 거야!"

생물다양성의 위기

기후 변화

오늘은 노는 토요일입니다. 요즘 현태는 시간만 있으면 만덕이랑 마라도를 헤매고 다니는 게 일과가 되었어요. 만덕이는 마라도와 바다에 대해서 모르는 게 없어 같이 있으면 너무 재미있어요. 오늘은 만덕이랑 섬 가운데 있는 숲에 가 보기로 약속해 두었습니다.

"만덕아, 숲이 작아 볼 것도 없어."

"쉿!, 조용히 해. 여긴 남쪽에서부터 먼 여행을 떠나온 철새들이 처음으로 쉬어가는 곳이란 말야. 잘 관찰하면 이 작은 숲에 얼마나 많은 새들이 있는지 알게 될 거야."

"정말? 왜 하필이면 이렇게 외딴 섬에 새들이 찾아오는 걸까?"

"마라도는 우리나라 남서쪽 맨 끝에 있잖아. 남쪽에서 북쪽으로 날아가던 철새들이 처음으로 만나게 되는 육지이거든."

"그래, 맞단다. 새들은 날씨가 추워지면 따뜻한 동남아시아까지 내려갔다가, 봄이 되어 기온이 올라가면 우리나라를 거쳐 중국, 러시아까지 날아가게 된단다."

"아, 아빠! 언제 오셨어요."

"너희들이 숲으로 가는 게 보여서 따라왔지. 만덕이 말대로 아무것도 먹지도 마시지도 못하고 수백~수천 킬로미터의 망망대해를 날아오다가 만나게 되는 섬이 바로 마라도란다. 그러니 여기서 휴식을 취하면서 기운을 차려야 또 길을 떠나지."

"수백에서 수천 킬로미터요? 정말 긴 여행이네요. 마라도에는 어떤 새들이 찾아오나요?"

"구체적으로 연구된 것은 아닌데 가끔 이곳에 들러 철새를 연구하는 선생님들 말씀을 들어 보면 이 숲에 적어도 192종의 새가 찾아온다고 하더라. 얼마 전에는 우리나라에 처음으로 푸른날개팔색조가 찾아왔다고 하시던데……."

마라도에서 처음으로 발견된 푸른날개팔색조

"왜, 처음 관찰되었지요?"

"그 새는 중국 남부나 동남아시아에서 겨울을 나는 아열대성 철새라서 우리나라에서는 볼 수가 없었다고 하시더라."

"와, 더 다양한 철새들이 마라도를 찾아오면 좋겠어요!"

"음, 우리나라에서 볼 수 없었던 새가 날아오는 건 좋은 일이기도 하지만, 아열대에 사는 새라면……, 꼭 좋은 일만은 아닌 거죠, 아빠?"

"좋다, 나쁘다 잘라 말할 수는 없지만, 우리나라 기후가 따뜻해지고 있다는 뜻은 되겠지.”

“그래, 현태야. 새로운 종이 나타났다는 것은 지금까지 마라도에 살거나 찾아왔던 새들이 안 올지도 모른다는 말도 되는 거야.”

“그게 그런 뜻이야?”

“만덕이는 기후의 변화를 이야기하는 거란다. 기후가 변하면 생태계 환경도 변하게 될 테고 그렇게 되면 지금까지 이곳에 살던 생물들은 환경이 맞는 다른 곳을 찾아 떠날 것이란 말이지.”

“그리고 전에 아빠가 기후 변화가 너무 짧은 기간 안에 일어나면 갑자기 달라진 환경에 적응하지 못하는 생물들도 생길 수 있어 생태계가 큰 피해를 입게 될지도 모른다고 말씀하셨어요.”

“그래, 그랬지. 기후 변화는 환경의 변화뿐만 아니라 전체적인 생물다양성의 위기도 가져올 수 있단다. 마라도처럼 민감한 도서 생태계에는 더 치명적일 수 있지.”

“도서 생태계요?”

“현태야, 도서島嶼라는 말은 크고 작은 온갖 섬을 가리키는 한자어야. 그러니까 도서 생태계는 섬 생태계와 같은 말이지.”

“그래, 섬은 육지와 떨어져 있어서 각 섬마다 나름의 독특한 생태계를 이루고 있단다. 마라도에 사는 생물들은 마라도의 자연환경에 적응하면서 마라도만의 고유한 생태계 왕국을 만들어 왔단다. 그런데 기후가 변해서 마라도의 환경이 바뀌면 지금까지 유지되어 온 생태계 균형이 깨질 수도 있단다. 변화하는 환경에 적응하는 생물들도 있겠지만, 적응하지 못하고 사라지는 생물들도 있을 테니까. 그래서 기후 변화는 생물다양성을 줄어들게 할 수 있다는 거란다.”

“죽지 말고, 이사 가면 되지요?!”

“섬이잖아.”

서식지 파괴

“그럼 기후 변화 말고는 생물다양성을 해치는 것은 없나요?”

“생물다양성의 유지를 위협하는 요소들은 아주 많단다. 예를 들어 마라도를 찾아오는 철새들이 둥지를 트는 서식지만 해도 관광 편의 시설이 늘어나고 개발이 되면서 점점 사라지고 있잖니?!”

"그건 마치 긴 여행을 갔다 왔더니 우리 동네가 없어져 버린 거나 마찬가지네요."

"그렇지. 그런데 그런 봉변은 숲에 사는 철새들만 당하는 일이 아니란다."

"아빠, 그럼 숲뿐만이 아니라 다른 환경에 사는 생물들의 서식지도 없어지고 있다는 말씀이세요?"

"그래. 우리나라에서 서식지 파괴가 가장 심각하게 일어난 곳은 바로 갯벌이란다."

"갯벌! 알아요. 4학년 때 갯벌 체험 간 적 있어요."

"그래. 너희도 알고 있다시피 바닷가 지형은 밀물과 썰물의 높이를 기준으로 크게 세 가지로 나눌 수 있어. 밀물이 들어와도 바닷물에 잠기지 않는 가장 높은 곳을 조상대, 밀물이 들어올 때는 잠기지만 썰물일 때는 육지로 드러나는 곳을 조간대, 그리고 썰물이 되어도 바닷물에 계속 잠겨 있는 얕은 바다를 조하대라고 한단다."

"아이고, 어렵네요."

"어려워? 그럼 지형 설명은 이 정도만 하자. 이 세 지형 중 조간대 지역을 흔히 갯벌이라고 부르는 거야. 그러니까 밀물이 들어올 때에는 물속에 잠겼다가 썰물일 때는 공기

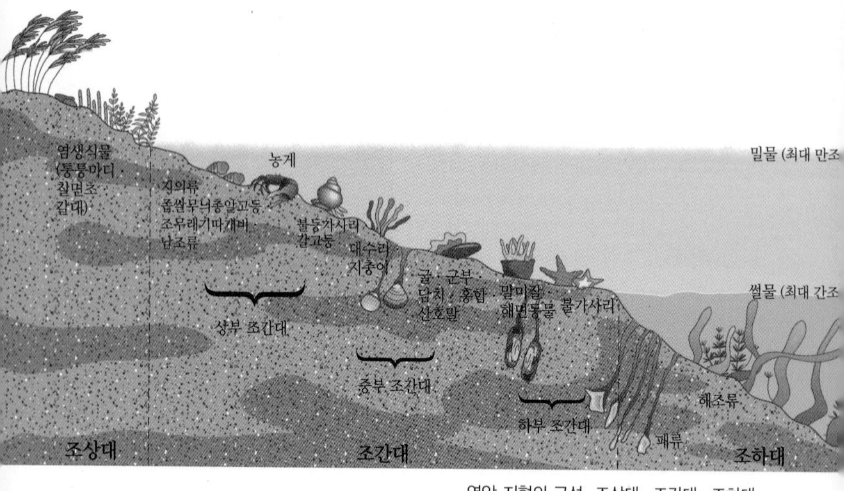

연안 지형의 구성 _조상대 · 조간대 · 조하대

중에 드러나는 지역으로 하루에 두 번씩 바다가 되었다 육지가 되었다 하는 곳이 바로 갯벌이지."

"아하. 그러고 보니 사촌 형하고 갯벌 체험 갔을 때에도 밀물이 되면 갯벌이 물에 잠긴다고 해서 잠깐만 보고 빠져나왔었어요."

"그래. 갯벌은 그런 곳이야. 질퍽질퍽해서 걷기 힘들지는 않았니?"

"아휴, 완전 힘들었지요. 장화를 신었는데도 얼마나 푹푹 빠지던지……. 그래도 재미있었어요. 갯벌이 아주 부드

러워서 만지는 느낌이 정말 좋았거든요. 마치 물에 갠 찰흙 같았어요."

"그래, 그 갯벌이 알고 보면 여러 생물들에게 좋은 집이 되어 준단다. 각종 플랑크톤과 작은 물고기들, 조개류들, 그리고 낙지처럼 바다 밑바닥에 사는 생물저서생물들에게 말이야. 예로부터 우리나라 황해에는 드넓은 갯벌이 발달해 있었단다. 그런데 말이야, 지금은 그 갯벌이 무려 절반이 넘게 줄어들었단다. 지난 40여 년 사이에만 1905제곱킬로미터 넓이에 해당하는 갯벌이 사라져 버렸지."

"네?? 절반이 넘게 없어져 버렸다고요?"

"그래. 해안가 개발과 매립으로 말이다. 갯벌을 메워서 논밭을 만들고, 항구를 건설하고, 도시와 공단을 짓고, 양식장 등을 조성했지. 같은 황해라도 중국 쪽은 모래나 암벽으로 된 해안이 많은 반면에 우리나라 서해는 갯벌이 대부분이야. 그래서 우리나라 갯벌의 절반이 사라졌다는 건 황해 전체 갯벌의 상당 부분이 사라져 버렸다는 것과 같은 말이란다."

"아니 그럼, 갯벌에 살던 생물들도 줄었겠네요."

"당연한 일이겠지. 자신들이 태어나고 살아갈 서식지가

갯벌 매립으로 집단 폐사한 조개류

줄어들었으니 갯벌에 살던 수많은 생물들도 큰 타격을 받을 수밖에 없었지."

"갯벌생물이 줄어들었다는 것은 바다생물의 다양성이 줄어들었다는 말도 되겠네요, 아빠."

"그래. 그런데 갯벌 주변이 개발되면서 육지로부터 오염물질이 흘러들어 오염까지 심각해졌단다.

"환경도 완전히 바뀌었겠네요?"

"그렇지. 서식 환경이 달라지면 예전부터 살던 생물들도 그곳에서 계속 살아가기가 어려워지지. 어떤 특정 지역의 환경에 적응해 그곳에 정착해 살아온 생물을 고유종native species이라고 하는데, 서식지가 파괴되면 결국 고유종이 살아가야 하는 환경이 바뀌게 되는 것이므로 새로운 환경에 적응하지 못하는 고유종은 그 숫자가 급속도로 줄어들거나 사라지게 되는 거야. 결국 갯벌생물들은 점차 사라지고 그 자리를 다른 생물들이 채우게 되는데, 그로 인해 우리는 갯벌 생태계와 갯벌생물을 완전히 잃어버릴 수도 있겠지."

"아, 서식지 파괴는 고유종의 감소나 멸종으로 이어지니까, 서식지 파괴는 곧 생물다양성을 위협하는 위기가 되는 것이군요."

"반대로 서식지를 보전하면 생물다양성도 유지할 수 있게 되는 것이고요."

"둘 다 잘 이해하고 있구나. 다양한 생물들이 살아가는 여러 환경과 조건, 즉 다양한 서식 환경과 생태계를 보전하는 것이 생물다양성 보전 활동의 핵심이지. 그래서 최근에는 대표서식지representative habitat를 보전하자는 목소리가 높아지고 있단다."

"쉽게 말하면 대표적인 서식지라는 말씀이지요? 히히."

"이제 현태도 하나를 가르쳐 주면 열을 아는구나! 맞아, 알고 보면 쉬운 말이지. 어떤 지역의 생물다양성을 보전하려고 할 때, 기왕이면 다양한 환경을 대표하는 여러 유형의 서식지를 선택하는 것이, 똑같은 종류의 서식지만 정해서 보호하는 것보다 효과적이라는 말이야."

"아빠, 예를 들어 바닷가에는 모래사장도 있고 갯벌도 있고 암석해안도 모두 고르게 있어야 각각 그곳에 적응한 생물들이 있어서 생물종이 다양해진다는 말씀이지요?"

"어휴, 이제 더 가르쳐 줄 것이 없겠는걸. 정리하면 서식지가 종류별로 보호되어야 각각의 환경에서 살아가는 생물들이 모두 살아갈 수 있어서 생물다양성이 유지된다는 거야."

외래종의 침입

"그런데 사실 서식지 보호만이 생물다양성을 지키는 것은 아니란다. 또 조심해야 할 것들이 있어. 예를 들면 다른 지역에서 옮겨 온 생물종들이 본래부터 그곳에 살고 있던 생물종, 그러니까 고유종들을 밀어낼 수 있거든."

"아빠, 저 알아요. 황소개구리요. 생태계를 교란시킨다고 매일매일 텔레비전에 나왔었잖아요."

"어이쿠, '교란'이란 말도 알아."

"아니 텔레비전에 나온 말이라……."

"어려운 말이니까 우리는 생태계를 혼란스럽게 만든다고 쓰면 되겠다. 만덕이 말대로 본래 살고 있던 서식지가 아닌 곳으로 옮겨 와 살고 있는 생물종들, 즉 외부에서 들어온 종을 외래종introduced species이라고 부른단다."

"그럼 외래종은 고유종의 반대말이네요?"

"그렇게 볼 수 있지. 그렇지만, 모든 외래종이 생태계를 혼란에 빠뜨리는 것은 아니야."

"그럼, 좋은 외래종도 있어요?"

"너희들이 잘 아는 문익점 선생이 들여온 목화도 외래종이지. 이것처럼 우리 고유종에 해를 끼치지 않으면서 우리 자연에 잘 적응해 자라면서 사람에게 도움을 주는 생물들도 있잖니. 사실 우리 주변에는 여러 가지 이유들로 해서 많은 외래종이 들어와 있는데, 어떤 외래종들은 바뀐 환경에 적응하지 못해 스스로 없어지거나 아주 적은 개체 수만 살아남아 생태계에 영향을 끼치지 않는단다. 문제는 새로운 환경에 지나치게 잘 적응해서 고유종이 서식하지 못할 정도로 번식을 하는 것들이야. 이렇게 외래종 중에서 고유종의 자리를 빼앗고 본래 있던 생태계를 파괴하는 종들을 침입종invasive species이라고 구별해서 부른단다."

"아예 외래종들이 들어오지 못하게 하면 되잖아요."

"잘못됐다는 것을 알고야 막으려 애를 쓰지. 그러나 예전에는 이러한 생태계 영향을 잘 알지 못했기 때문에 양식이나 원예, 농업, 또는 생물자원을 늘리려고 일부러 외래종을 들여왔단다. 예를 들어 몸집이 크고 빨리 자라기 때문에 양식을 하면 경제적으로 이득을 볼 수 있을 것이라 생각하고 블루길이나 큰입배스, 향어 같은 어종을 우리나라에 들여오게 된 거지."

"아빠, 양어장에 가둬 키우는데 문제될 것이 없잖아요. 아닌가요?"

"물론. 그런데 양식장에서만 자라야 할 물고기들이 자연재해로 물이 붇거나 둑이 터져 하천이나 강으로 흘러들기도 했고, 사람들이 생각 없이 외래 어종을 자연에 풀어 주면서 문제가 생겼지. 이들이 자연 상태에 잘 적응하면서 우리나라 고유 어종들의 생태를 위협하게 된 거야."

"그럼 집에서 기르던 토끼 같은 것도 자연에 풀어 주면 안 되나요? 그건 괜찮지요?"

"혹시 현태 너, 토끼를 풀어 준 거니?"

"아니, 난 그저 갇혀 있는 게 불쌍해서 자유롭게 살라고……."

"그래, 다들 현태처럼 착한 마음으로 풀어 준다고 해도 말이다, 애완동물로 키우던 생물들이라 자연에 나가 적응을 잘 할 수 있을지도 문제이고, 자연생태계 입장에서는 전에 없던 생물종이 새로 들어와 기존의 질서가 깨질 수도 있잖니. 어떠한 일이 일어날지 아무도 모르니……."

"흠, 그럼 물고기나 애완동물들을 자연에 풀어 주면 안 된다는 말씀이죠?"

"물론. 애완동물뿐만 아니라 눈에 보이지도 않는 미세한 생물들도 문제가 될 수 있단다."

"아빠, 그래서 외국 갔다가 돌아올 때 살아있는 동식물을 가져오지 못하게 하는 거군요?"

"뭐라고? 그게 무슨 말이야?"

"그래, 만덕이 말대로 혹시라도 동식물을 통해 박테리아처럼 눈에 보이지 않는 미소생물이 붙어 들어올까 봐 미리 막는 것이란다. 이처럼 버려진 애완동물이나 눈에 보이지도 않는 미세한 생물들이 들어와 환경에 어떤 영향을 미치게 될지 모르는 상태를 불확실성uncertainty이라고 하지."

"어, 오렌지나 키위 같은 과일은 수입하잖아요? 그건 문제가 안 되나요?"

"정식으로 수입하는 동식물은 검역을 하잖아."

"그래, 공식적으로 들여오는 동식물들은 철저하고 엄격한 절차를 밟아 검역을 하고, 애완동물 같은 것은 우리가 조금만 조심하면 아무래도 위험이 줄어들겠지. 사실 전 세계에서 동식물의 이동은 알게 모르게 늘 일어나고 있단다. 특히 요즘처럼 교통수단이 발달하고 세계화니 해서 사람과 물자의 왕래가 많은 때에는 더더욱 빠르게 외래종들이 들어오고 있지."

"아빠, 알게 모르게라면……."

"응, 우리가 눈치 채지 못하는 사이에 일어나기도 한다는 말이야. 정식으로 수입하는 물건들이나 여행을 다녀오는 사람들의 옷, 신발에 붙어 미세생물이나 종자, 심지어 병균들이 들어올 수도 있고, 선박이나 항공기를 타고 곤충이나 작은 동식물들이 숨어들 수도 있지. 특히 바다의 외래종은 선박을 통해 들어오는 경우가 많단다."

"그럼 우리나라 바다에는 어떤 외래종들이 있나요?"

"너희들이 알만한 것으로는 지중해담치가 있단다. 바위에 붙어사는 고착생물로 이름 그대로 지중해가 고향인데,

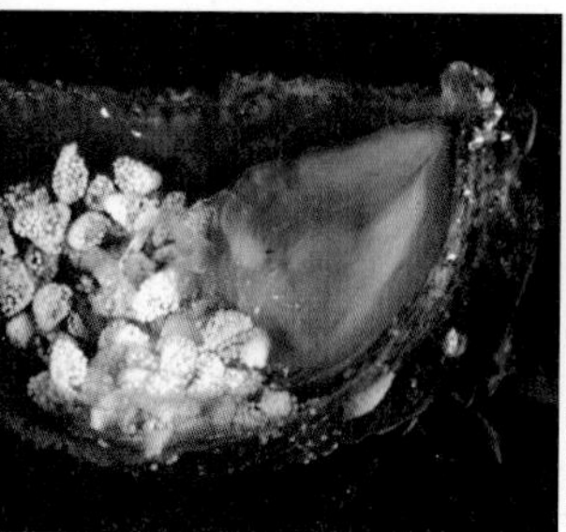
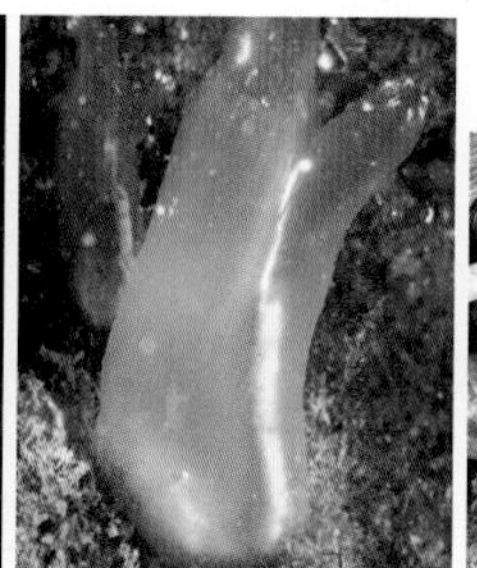

우리나라의 대표적인 해양 외래종으로 왼쪽부터 뚱뚱이짚신고둥, 유령멍게, 지중해담치

환경이 나빠도 번식력이 좋아서 우리나라만이 아니라 거의 전 세계 해안에서 급속도로 늘어나 고유종들이 바위에 발을 붙일 수 없게 만들고 있지. 그러니 당연히 생태계의 평형은 깨지게 되는 것이고."

"지중해담치? 잘 모르겠는데요."

"현태 네가 홍합이라고 알고 먹는 것의 대부분이 실은 지중해담치야. 담치 때문에 고유종인 홍합이 거의 멸종위기라고 하지, 아마."

"뭐야, 그럼 내가 침입종을 먹은 거야?"

"하하. 알게 모르게 외래종들이 우리 생태계 깊숙이 침입해 있다는 걸 이제 알겠니?"

"유난히 바다의 외래종 중에는 어딘가에 붙어서 살아가

하늘에서 내려다 본 연안 양식장

는 생물들이 많은데, 이들은 사람들에게 경제적인 피해를 입히기도 한단다. 뚱뚱이짚신고둥이라는 외래종은 소라, 전복 등의 껍데기에 붙어살면서 양식장에 큰 피해를 입히지. 소라와 전복이 충분히 자랄 수 없게 방해를 하거든. 또 주걱따개비, 닻따개비, 캘리포니아이끼벌레 등은 양식장, 선박, 부표, 항구 시설물 같은 구조물에 붙어서 구조물을 부식시킨단다. 또 배 밑에 붙게 되면 저항이 생겨서 항해 속도가 늦어지기도 하지."

"아주 다양한 피해를 주네요. 그런데 외래종의 침입을 막을 생각은 안 하나요?"

"물론 많은 노력을 하고 있지. 대표적으로 선박평형수

를 통한 외래종의 유입을 막는 것이 있단다."

"선박평형수가 뭔데요?"

"선박평형수ballast water는 배의 밑바닥 탱크에 채우는 물인데, 배를 설계할 때 정해진 화물의 무게에 맞추어 화물 대신 배에 싣는 물이라고 생각하면 된단다. 화물을 실었다가 내려놓으면 배의 무게가 가벼워지겠지. 그럼 배가 운항할 때 균형을 잡지 못하고 기우뚱거릴 수 있어서 내려놓은 화물 무게만큼 바닷물로 채워 균형을 잡는데, 그 물이 바로 선박평형수란다."

"아, 그러니까 화물을 내린 곳의 바닷물을 배에 실었다가 어딘가로 이동해 화물을 다시 실을 곳에 그 물을 버리게 되겠네요."

"그렇지. 그런데 그 과정에서 화물을 실으려고 버리는 물속에 덩달아 들어온 여러 종류의 생물들도 함께 새로운 환경에 내려지게 되는 것이지."

"그럼 그 물속의 생물들이 바로 외래종이군요."

"맞아. 눈에 보이지 않더라도 플랑크톤이나 알, 어린 물고기의 형태로 바닷물과 함께 들어오는 외래종들이 아주 많지. 지금 전 세계의 항구는 급속하게 퍼지는 외래종들이

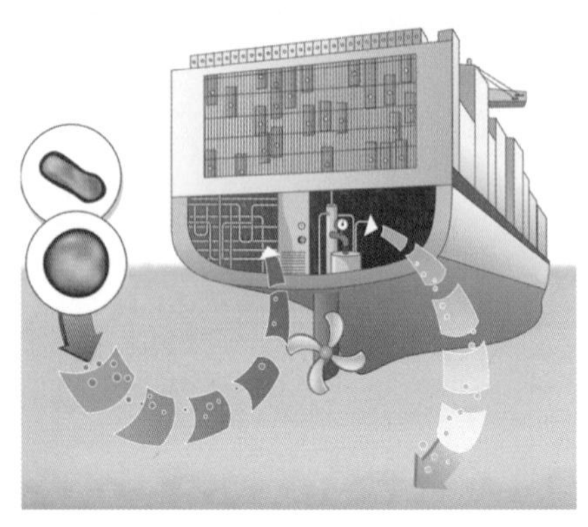

선박평형수의 미소생물 처리

고유의 생태계를 훼방 놓는 바람에 골치를 썩고 있어. 간혹 이들 중에는 적조를 일으키는 유해한 생물들도 있어서 문제는 더욱 심각하단다."

"아, TV에서 적조가 생기면 물고기들이 떼죽음을 당한다고 했어요. 그럼 무슨 대책이든 세워야 하지 않을까요?"

"그래서 유엔에 속한 국제해사기구IMO에서 「선박의 평형수 및 침전물의 제어와 관리를 위한 국제협약」을 채택해서 2010년부터 발효하게 되었단다. 그렇게 되면 모든 선박들은 선박평형수의 미소생물과 병균을 처리하는 설비를 갖추어야 하지."

"미소생물이요?"

"눈으로 볼 수 없는 매우 작은 생물들이지. 이들을 자외선 처리, 화학물질 처리 같은 방법으로 없애는 거야."

"아빠, 보이지 않아도 미소생물도 생물인데 모두 죽이는 거예요?"

"맞아요, 걔네들도 원해서 여행을 하게 된 것도 아닌데 너무 불쌍해요. 혹시라도 큰 물고기나 고래라도 들어가 있으면 어떻게 해요?"

"선박평형수를 끌어올리는 펌프 지름이 수십 센티미터밖에 되지 않을 뿐더러 물은 여러 차례 거르기 때문에 큰 물고기나 고래가 딸려 들어올 일은 전혀 없어. 너희들 말처럼 생물을 죽이는 건 슬픈 일이지만, 외래종으로부터 자기나라 고유의 생태계를 보호하기 위한 어쩔 수 없는 선택이란다."

"저는 선박 엔지니어가 될까 봐요. 선박평형수를 사용하지 않고도 배의 평형을 유지할 수 있는 기술을 개발하고 싶어졌어요."

"현태가 그 꿈을 꼭 이룰 수 있었으면 좋겠구나."

만덕이가 들려주는 사수도 슴새 이야기

슴새는 무리를 지어 바다에서 주로 생활하는 바닷새로, 보루네오 섬이나 호주 등에서 겨울을 나고 여름이 되면 우리나라를 찾아오는 여름철새야. 예전에는 울릉도에 떼를 지어 살았다는데 이제는 제주도와 전라남도 부근에서만 볼 수 있어. 제주도에서 좀 떨어진 사수도라는 섬에 무리를 지어 살고 있어서, 이 슴새 서식지를 천연기념물333호로 지정해 보호하고 있지. 보통 새들이 나무 위에 둥지를 트는 데 비해 슴새는 땅 속에 터널처럼 구멍을 파고 알을 낳아 부화시키고 새끼를 키워. 슴새는 땅에 내려앉으면 다리를 굽혀서 기어 다니듯이 걸어 다닌대.

그런데 요즘 사수도 슴새들이 비상이래. 무인도인 사수도에 낚시하러 찾아 들어오는 사람들이 늘어났기 때문이야. 새들은 새끼들이 안전하지 못할 것 같으면 아예 알을 낳지 않는 새가 있을 정도로 예민한데, 그런 새들에게 사람은 두려움의 대상이자 스트레스 그 자체야. 글쎄, 가끔 슴새 알을 훔쳐가는 철부지 어른들도 있대. 오랫동안 사람이 살지 않아 새들의 천국이었던 사수도를 찾아오는 사람들이 늘어나는 것은 슴새뿐만 아니라 사수도에 살고 있는 다른 동물들에게도 큰 위협이 되고 있어.

그런데 사수도 슴새에게 사람보다 더 무서운 상대가 생겼어. 사람들을 실어 나르는 배를 타고 집쥐가 은근슬쩍 사수도에 착륙해서는 자신들의 특기를 발휘해 마구 번식해서 그 수를 엄청나게 늘려 놓은 거야. 바다에서 주로 생활하고 섬이라는 한정된 공간에만 살던 슴새로서는 한 번도 본 적 없는 집쥐란 놈이 자신의 땅속 둥지를 마구 헤집고 다니니까 기가 막히지만, 어떻게 저항을 해야 할지 모르기 때문에 당할 수밖에 없대. 집쥐가 알을 훔쳐가고 새끼를 잡아가도 속수무책 바라만 봐야 하니 그 마음이 오죽하겠어.

그래서 그런지 50여 년 전에 1만 6000여 마리였던 슴새 개체 수가 지금은 5000마리도 되지 않을 만큼 급속하게 줄어들었어. 오랫동안 안정되어 있던 사수도 섬 생태계에 집쥐라는 외래종이 들어오는 바람에 고유종인 슴새가 피해를 입고 있는 거지. 육지에 사는 너희들은 슴새를 본 적이 없을 거야. 슴새는 이렇게 생겼어.

슴새 _땅 위를 걷고 있는 모습(왼쪽)과 바다 위를 날고 있는 모습(오른쪽)

4부

황해에 살고 있는 생물들

황해 생태계

현태는 마라도로 이사 오기 전까지 제주도 바깥으로 나가 본 적이 몇 번 없습니다. 3학년 때 수학여행으로 경주에 가 보았고, 4학년 때에는 서울에 사시는 삼촌 댁에 갔다가 사촌 형이랑 갯벌 체험 하러 강화도에 다녀온 것이 전부이지요. 육지 사람들은 모두 제주도로 여행을 오고 싶어 하는데, 현태는 제주도를 벗어나는 것이 소원이었어요. 특히 요즘 만덕이와 선생님께 바다와 바다 환경에 대한 이야기를 들으면서부터는 더욱 뭍이랑 다른 바다에도 가보고 싶어졌습니다.

"만덕아, 그런데 황해랑 서해는 어떻게 다른 거야? 지난번에 선생님께서 구분해서 말씀하시는 것 같았거든."

"아, 맞다. 나도 '물어 봐야지' 했는데 다른 이야기 듣다가 놓쳤어. 우리 아빠한테 여쭤 보러 가자."

만덕이와 현태는 만덕이 아버지가 계시는 학교로 발길을 돌립니다.

"안녕하세요."

"아빠, 서해랑 황해랑 어떻게 다른지 궁금해서 왔어요."

"어른들도 잘 모르는데 신통하게 그걸 물어볼 생각을 했구나?"

"궁금해요. 저도 황해에 가보고 싶거든요."

"하하 그렇니? 그렇다면 현태야, 다른 곳에 갈 필요가 없겠는걸. 왜냐하면 우리가 사는 마라도도 황해이니까."

"네에? 저 멀리 가야 하는 것이 아니에요?"

"하하. 그래, 그게 서해와 황해의 차이라고 할 수 있겠구나. 일반적으로 서해와 황해는 같이 써도 큰 문제는 없지만, 사실 황해라고 부르는 바다의 범위가 서해보다 크단다. 마라도는 남해이기도 하지만 황해이기도 하지."

"그러니까 서해보다 황해가 더 크다고요?"

"범위로 따지면 황해는 우리나라와 중국 사이에 있는 바다 전체를 가리킨단다. 동쪽과 서쪽 그리고 북쪽은 육지에 닿아 있고 남쪽은 동중국해와 연결이 되어 있는 바다이지. 물론 서로 연결되어 있는 바다에 선을 그어서 인위적으로 경계를 나눌 수는 없지만 굳이 따지자면 제주도와 마라도는 황해 남쪽에 있는 동중국해와 황해를 나누는 기준점이 되지."

한반도와 중국 사이에 있는 황해

"아, 그런데 왜 다른 이름을 쓰지요?"

"역사적으로 자연스럽게 다른 이름이 붙여진 것이지. 서해는 우리나라를 기준으로 서쪽에 있다고 해서 붙여진 이름이고, 황해는 바다의 수심이 얕고 육지로부터 많은 퇴적물이 흘러들어서 바닷물이 누런빛을 띤다고 해서 '누를 황黃' 자를 써서 황해가 되었단다."

"아빠, 그러니까 우리나라를 중심으로 삼면에 둘러싸여 있는 바다를 각각 동해, 남해, 서해라고 하고, 황해는 중국과 우리나라 사이에 있는 바다를 하나로 묶어 부르는 이름이라고 구분하면 되는 거죠?"

"그렇지. 사실 전 세계적으로 황해처럼 넓은 갯벌을 갖고 있는 바다는 흔치 않아. 이곳의 갯벌은 세계 5대 갯벌 중의 하나란다. 게다가 이곳에서 나는 수산자원은 종류도 다양하고 그 양도 아주 많단다."

"와, 그러면 잘 보전해야겠네요."

"그런데 애석하게도 전 세계적으로 가장 혹사당하고 있는 바다도 황해란다. 지구에 존재하는 전체 바다 면적의 0.1퍼센트에 불과한 황해에서 전 세계 양식어업의 10퍼센트가 이루어지고 있거든. 그렇게 생산된 수산물은 전 세계로 수출되고 있지."

"흐억, 황해가 그렇게 심하게 이용당하고 있다니."

"혹시 황해생태지역Yellow Sea Ecoregion이란 말 들어봤니?"

"아니요. 그게 뭐예요?"

"황해는 하나의 커다란 생태계니까, 황해 생태계 전체를 종합적으로 관리하려고 붙인 이름이란다. 황해광역해양생태계Yellow Sea Large Marine Ecosystem라는 것도 비슷한 거야. 보통 바다를 나라별로 나누어 관리를 해 왔잖니. 그러면 문제가 생길 수 있거든. 예를 들어 한 수영장을 두 팀이 나누어 쓰는데 한 쪽은 깨끗하게, 한 쪽은 지저분하게 쓴다면 물은 어떻게 될까?"

"그야 깨끗과 지저분이 섞여 적당히 지저분하겠죠."

"하하하, '적당히 지저분하다'라고……. 현태 말대로 한 나라가 아무리 바다를 깨끗이 사용해도 이웃 나라에서 오염물질을 마구 내보내면 전 세계의 바다는 몸살을 앓을 수밖에 없단다. 마찬가지로 우리나라가 바다생물을 아끼고 잘 보호해도 다른 나라들이 마구 잡아들이거나 서식지를 훼손하면 바다생물들은 살 수 없게 될 거야."

"바다는 공동 구역처럼 주변 나라들과 힘을 합쳐 함께 보호하고 관리를 해야겠군요."

"그래서 황해를 보전하기 위해서는 우리나라와 중국이 함께 노력해야 하는 거란다."

"선생님, 이제 황해가 전 세계적으로 얼마나 중요한 바다인지, 그리고 어떻게 해야 잘 보호할 수 있는지 조금 알 것 같아요!"

포유류

"아빠, 그런데 그 책이 어디 있지요? '황해의 서식지와 생물다양성'에 관한 책이 있었잖아요?"

"아, 그 책이 어디 있더라……. 여기 있네."

"현태 너, 황해에 얼마나 다양한 생물들이 살고 있는지 알면 깜짝 놀랄걸?! 너, 이게 뭔지 알아?"

아버지께 책을 받아 이리저리 뒤적이던 만덕이가 사진 하나를 가리켰습니다. 사진 속에는 덩치가 크고 얼룩덜룩한 무늬가 있는 매끈한 피부를 가진 동물이 똘망똘망한 눈에 호기심을 잔뜩 담은 표정으로 현태를 바라보고 있습니다.

백령도 물범바위에서 휴식을 취하는 점박이물범

"이게 뭐야? 물갠가?"

"점박이물범이야. 봄이 되면 우리나라로 찾아와서 여름을 보낸대. 얘들은 생각보다 아주 커서 다 자란 것은 몸길이가 150~200센티미터나 된대."

"뭐, 이런 동물이 정말 우리나라에 살고 있다고?"

"그래. 봄, 여름에는 우리나라에 머물다가 초겨울이 되면 북한을 거쳐 중국 랴오닝 성에 가서 겨울을 난대. 겨울에 눈 덮인 얼음 위에서 새끼를 낳아, 봄이 되면 아기 물범들을 데리고 우리나라로 다시 찾아오는 거지."

"와, 정말 신기하다! 우리나라 어디에 살고 있는데?"

"우리나라를 찾는 대부분의 물범은 이 사진 속의 섬인 백령도 주변에 모여든대. 그래서 백령도에는 물범들이 많이 모여서 쉰다고 '물범바위'라고 부르는 바위도 있대, 때로는 바닷가를 따라 좀 더 남쪽으로 내려오기도 한다지."

"그래, 그런데 물범들이 이동하는 경로를 아직 완전히 파악하지는 못했어. 앞으로 좀 더 관찰하고 조사해야 할 부분이지. 그런데 너희들 황해에 물범들이 얼마나 살고 있는지 맞혀 볼래?"

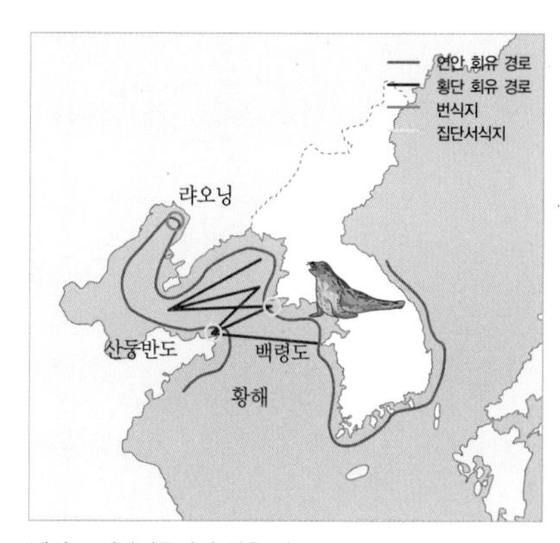

백령도 점박이물범의 회유 경로

"글쎄요."

"음, 한 100마리쯤?"

"중국에서는 1000마리까지 관찰된 적이 있는데, 우리 백령도에는 350마리 남짓이 찾아온다는구나. 전에는 500마리까지 나타난 적도 있었다는데 안타깝게도 매년 그 숫자가 줄고 있단다."

"와, 생각보다 많네요. 그런데 왜 물범 숫자가 줄어드는 거죠?"

"여러 가지 이유가 있겠지만, 중국의 불법 포획이 가장 큰 문제란다. 물범 새끼의 가죽은 얼룩무늬인 어미와 달리 보송보송하고 하얀 털을 가지고 있는데, 그 털가죽을 노린 불법 사냥이 심각할 지경이라고 하는구나. 게다가, 무사히 우리나라까지 오더라도 물고기를 잡기 위해 쳐 놓은 그물에 걸려서 죽기도 하고……."

"그럼, 우리도 물범이 사는 곳엔 가급적 그물을 치지 말아야 하고, 중국도 물범 사냥을 그만 두어야겠네요."

"그렇지. 그리고 물범이 살고 있는 곳에 사람들이 자주 찾아가는 것도 물범이 편안하게 사는 데 방해가 된단다."

"물범들이 사라지지 않고 황해에서 오랫동안 행복하게 잘 살았으면 좋겠어요."

"현태 말에 저도 동감이에요."

“그래. 황해에 사는 물범을 살리기 위해서는 우리나라와 중국이 함께 협력을 해야 해. 물범 말고도 황해에 사는 포유류로는 상괭이, 귀신고래, 보리고래, 대왕고래, 흰긴수염고래, 북방긴수염고래 등 국제적으로 중요하게 여기는 생물종들이 있는데 모두 우리나라와 주변 국가의 바다를 오가며 살고 있기 때문에 여러 나라가 함께 노력해야 한단다.”

우리나라 연안 전역에 살고 있는 해양포유류 상괭이

조류

“바다생물뿐만 아니라 하늘의 새들도 국경을 맘대로 넘어 다니니까 여러 나라가 다 같이 보호해야 하겠네요. 이건 저어새야.”

만덕이가 보던 책을 넘기다가 우스꽝스럽게 생긴 새를 가리키며 말했습니다.

“아, 저어새. 흠, 이상하다. 똑같이 생긴 새를 제주도 본

황해에 살고 있는 저어새

섬에서 봤던 것 같은데……."

"그래, 맞아. 제주도에도 살고 있단다. 전 세계 저어새 중 90퍼센트 이상이 우리나라에 살고 있어. 중국에서도 일부 번식하지만, 대부분 우리나라에서 번식하기 때문에 우리나라의 새라고 할 수 있지. 얼마 전에는 우리나라에서 태어난 저어새가 중국에 날아가 새끼를 낳고 기르는 모습이 포착되기도 했어. 우리나라 조류학자들이 저어새 발목에 끼운 가락지 번호를 중국 학자들이 알아보고 알려 준 덕분에 확인할 수 있었대."

"와, 그런 방법으로 새들이 어디로 이동하는지 알 수 있군요. 그럼 저어새도 물범처럼 중국까지 왔다 갔다 해요?"

"그래. 저어새들도 봄이 되면 우리나라에 찾아와 새끼를 낳고 키우다가 가을이 되면 남쪽의 일본, 타이완까지 날아가서 겨울을 난 후에, 이듬해가 되면 다시 우리나라로 되돌아온단다."

연안에서 쉬고 있는 도요새 무리

"선생님, 제가 저어새를 본 건 겨울이었는데요?"

"그래, 그럴 수도 있어. 제주도에서 겨울을 나는 친구들도 있거든. 강화도 근처에서 번식하고는 타이완까지 가지 않고 제주도에 머무는 친구들이었을 거야."

"아, 그렇군요."

"우와, 부럽다. 나도 보고 싶은데……. 현태야, 이건 도요새다."

만덕이가 얇고 긴 부리를 지닌 새를 가리켰습니다.

"그래, 도요새들은 이렇게 몸통에 비해 부리와 다리가 길어. 얕은 물가나 갯벌에서 먹이를 쉽게 잡아먹을 수 있도록 진화했기 때문이란다. 알고 보면 도요새들은 저어새보다 더 길고 먼 여행을 하지. 봄이 되면 우리나라를 거쳐 저

멀리 러시아까지 여행하는데, 가을쯤 북반구의 날씨가 추워지면 다시 우리나라를 거쳐 남반구인 호주까지 수만 킬로미터를 멀다 않고 날아간단다."

"도요새들은 정말 추운 날씨를 싫어하나 봐."

"선생님, 도요새들은 그렇게 먼 거리를 여행하는데 지치지도 않나요?"

"당연히 힘든 여정이겠지. 그래서 도요새들은 여행을 떠나기 전에 영양분을 충분히 보충해야 한단다."

"도요새 먹이는 무엇인데요?"

"주로 갯벌에 사는 게, 갯지렁이 같은 것이야. 그런데 갯벌이 줄어들면서 도요새의 수도 많이 줄어들고 있지."

"갯벌이 줄어 먹이를 충분히 먹지 못한 상태로 여행을 해서 그런가요?"

"그래, 배를 채우지 못한 도요새들이 여행 도중에 낙오되거나, 목적지에 도착하더라도 견디지 못해서 그렇지."

"헉, 우리나라 갯벌이 줄어드는 바람에 도요새의 개체수가 줄어들게 되었다니 정말 미안해요."

"어찌 보면 황량하기까지 한 갯벌이 그렇게 중요한 철새의 먹이창고라니……."

"우리나라 갯벌은 전 세계 철새들에게도 아주 중요한 곳이란다. 바로 세계 3대 철새길 가운데 하나인 동아시아-호주 철새 이동 경로의 중간 기착지이기 때문이지."

"중간 기착지라뇨?"

"현태야, 그건 고속도로 휴게소 같은 곳이야. 긴 여행을 하는 철새들이 중간에 들러서 쉬면서 먹이도 먹고 기운을 차리는 곳이지."

"그래. 다양한 여름철새와 겨울철새들이 남으로, 북으로 날아가면서 들르는 곳이 바로 우리나라란다."

"어, 그러면 겨울에 오는 새들도 있어요?"

"물론! 기러기, 두루미, 고니 같은 새들이 대표적인 겨울철새로, 러시아와 우리나라 사이를 오가며 생활하지."

"야, 알고 보니 우리나라는 철새들의 천국이구나!"

"그렇고 말고. 황해를 찾

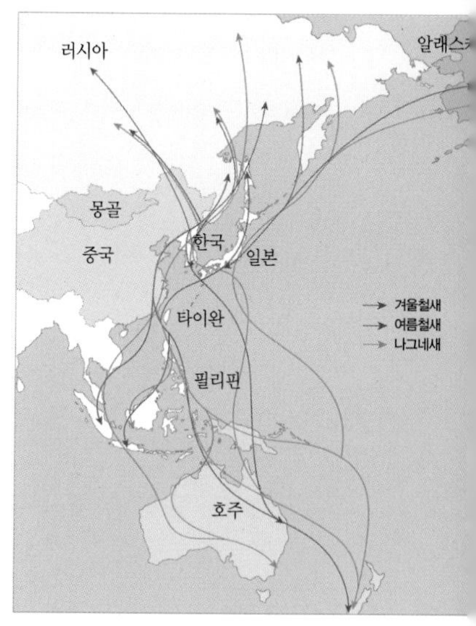

동아시아-호주 철새 이동 경로

순천만 칠면초 밭에서 쉬고 있는 흑두루미

아오는 국제적으로 중요한 철새들은 그밖에도 아주 많단다. 가창오리, 큰고니, 검은머리물떼새, 알락꼬리마도요, 청다리도요사촌 등등."

"와, 이름도 정말 다양하네요!"

어류

"하늘뿐 아니라 바다에도 국경이 없으니까 물고기들도 새나 물범처럼 국경 같은 것은 상관하지 않고 자유롭게 이동하면서 살겠다."

"그래. 참조기, 청어 등 참으로 다양한 어종들이 황해를 마음껏 누비고 있단다."

"황해에는 어떤 물고기들이 살고 있어요?"

"대표 물고기라 할 수 있는 것은 조기였단다. 조기 중에서도 참조기는 머리가 단단하고 비늘에서 황금빛이 난다고 해서 '황금투구를 쓴 물고기'라고 불리기도 했다는구나. 1950~1960년대에는 아주 흔하게 잡히던 물고기였지."

"물고기였다고요? 그럼 이제 조기는 잘 안 잡히나요?"

"그래. 1960년대에는 우리나라 전체 어업 생산의 1/3을 차지할 정도였는데, 1957~1983년 사이에 참조기의 어획량은 80퍼센트 이상 감소했단다."

"헉, 선생님. 80퍼센트라면 100마리 잡히던 것이 20마리밖에 잡히지 않는다는 거잖아요! 어떻게 그런 일이 일어날 수 있죠?"

"이유야 여러 가지겠지만, 제일 큰 이유는 남획 때문이란다."

"남획이요?"

"생태계가 지속가능하게 유지되지 못할 만큼 지나치게 짐승이나 물고기를 잡아들이는 것을 남획이라고 해."

"만덕이 말대로 1960년대 이후 고기 잡는 장비들이 발달하고 전보다 크고 많은 배들이 만들어지면서 황해에서 어업 활동이 급격하게 늘어났기 때문이지. 그 당시에는 생태계가 지속가능할 정도로 조절을 하며 물고기를 잡아야 한다는 사실을 잘 몰랐단다."

"생각해 보니까 남획은 황해뿐 아니라 다른 바다에서도 문제가 될 것 같은데 왜 황해에 사는 물고기가 유독 줄어든 거지요?"

"남획이 가장 큰 원인일 뿐이고, 다른 원인들도 있었던 거죠?! 아빠."

"황해 연안이 개발되면서 물고기들의 산란 장소가 줄어들었고, 육지로부터 오염물질이 흘러 들어오고 전보다 많은 선박들이 드나들게 되면서 바다가 오염되었기 때문이란다. 그나마 사람들은 수산자원이 줄어든다는 사실도 모르고 있다가 1980년대에 들어서야 심각한 일이 벌어진 것을 알게 되었지. 그때부터 어획량을 줄이기 위해서 출항 선박의 수를 줄이거나, 바다 밑바닥을 긁어 수산자원을 싹쓸이하는 저인망을 사용하지 못하게 하고, 산란철에는 어업 활동을 줄이는 등 여러 가지 규제를 시작했지."

"어민들도 바다에서 자라는 것을 마구 잡지 못하게 하니까 힘들겠네요."

"후손들까지 고루 자연의 혜택을 보게 하려면 어쩔 수

없는 선택이지."

"황해에는 다양한 어종이 살고 있다고 하셨는데 참조기 말고 어떤 것들이 있어요?"

"정말 다양하단다. 청어, 대구, 가자미, 넙치, 참돔, 갈치, 고등어, 망둑어, 멸치, ……. 모두 많이 들어본 어종들이지? 그리고 어류는 아니지만 딱딱한 껍질이 있는 갑각류와 몸에 뼈가 없는 연체동물로는 꽃게, 대하, 젓새우, 꼴뚜기, 낙지 등이 있단다. 일일이 셀 수 없을 정도로 다양하지. 물론 이 중에는 황해에서만 잡히는 것이 아니라 남해와 동해에서도 잡히는 어종도 있고, 넙치나 대하처럼 양식을 할 수 있게 된 어종들도 있단다.

조개류패류

"만덕아, 제주도에서 많이 잡히는 전복이나 소라는 황해의 다른 지역에서는 안 잡히니?"

"아니, 우리나라 전역에서 잡혀. 그런데 네 질문이 점점 날카로워지는데, 호호. 전복이나 소라도 수산자원이지만 어류가 아니라 조개류 또는 패류라고 해. 둘 다 같은 말이야."

"조개 종류란 말이지?"

"응. 전복이나 소라는 비교적 깊은 바다에 사는 조개들인데, 갯벌에서 나는 조개들도 있어."

"그렇단다. 황해가 전 세계의 다른 바다와 특별히 구별되는 점은 넓게 형성된 갯벌이라고 했지? 갯벌은 조개들에게는 아주 안성맞춤의 서식지가 되어 준단다."

"아빠 말씀처럼 밭이 좋아서 그런지 황해 갯벌에 나는 조개들은 종류도 다양해. 동죽, 바지락, 백합, 피뿔고둥, 전복, 키조개, 새조개,……."

"허허, 우리 만덕이 숨넘어가네. 황해의 갯벌과 천해에 풍부한 패류는 우리나라와 중국 두 나라 모두에게 중요한 식량자원인 동시에 어민에게는 중요한 소득원이 되고 있지. 사실 우리나라는 선사시대부터 패류를 음식으로 먹었단다."

"저 그거 알아요. 현태야, 패총이라고 들어 봤지?"

"패총? 새총도 아니고 무슨 이름이……."

"국사시간에 배웠어. 옛날 사람들이 조개를 먹고 껍질을 쌓아 놓은 흔적이 발견된 것인데 무덤처럼 생겼다고 해서 조개무덤 또는 패총이라고 부르는 거야. 패총을 보면 원시시대부터 우리 조상들은 조개를 먹을거리로 이용해 왔다는 것을 알 수 있지."

“우리나라 바닷가의 여러 지역에서 패총이 발견되었단다. 뿐만 아니라 옛날 사람들이 일부러 육지에 있는 돌을 바닷가에 가져다 놓아서 조개들이 바위에 붙을 수 있도록 한 흔적들도 아직까지 남아 있지.”

오이도에서 발견된 선사시대 패총

“와, 신기하다. 그 옛날에도 조개 양식장이 있었다는 뜻이네요.”

“수심이 얕고 갯벌이 발달한 황해의 특성을 잘 활용해 우리 조상들은 꾸준히 자연을 변화시켜 왔다는 말이 되지.”

“그럼, 우리가 지금 보고 있는 황해는 자연과 인간이 함께 만들어 낸 것이라고 할 수 있겠네요, 아빠.”

“물고기는 헤엄쳐서 쉽게 도망갈 수 있지만, 조개는 활발하게 움직이지 못하니 양식하기가 수월했을 것 같아요.”

“그래서 요즘도 황해에서 생산되는 대부분의 조개는 양식이란다. 그만큼 황해에는 조개류 양식장이 많다는 이야기가 되지. 어떤 통계 자료를 보면 1997년 황해 연안에 있는 중국 5개 성省의 조개류 양식장이 중국 전체 양식장 면적의

황해에서 대표적으로 채집되는 조개류

70퍼센트를 차지하고, 생산량은 전체 양식량의 80퍼센트에 이른다고 하더구나. 우리나라도 크게 다르지 않은데 매년 낙지 1000톤, 갯지렁이 500톤 정도가 생산되는 데 비해 조개류는 5만~9만 톤이 생산된다니 정말 대단하지 않니?!"

"종류까지 다양하니까 정말 놀라워요. 그런데 전 이곳에서 전복이나 소라 말고 다른 조개들은 별로 본 기억이 없는 것 같아요."

"그건, 조개 종류마다 서식할 수 있는 환경이 다르기 때문이야. 생물들은 자기의 서식지 환경 조건에 민감하다고 했잖아."

"그럼 제주는 전복과 소라가 잘 자랄 수 있는 환경이구나. 정말 갯벌에 가고 싶다. 그때처럼 장난만 치는 게 아니라 갯벌에 어떤 생물들이 살고 있는지 잘 관찰할 수 있을 것 같아."

"현태야, 우리 이번 방학에 꼭 같이 갯벌 체험 가자!"

"그래. 우와, 신나겠다!"

해안식물 염생식물

"만덕아, 황해에는 식물은 살지 않니? 지금까지 쭉 동물 이야기만 한 것 같아."

"호호, 정말 그랬네. 아니야, 황해에도 여러 식물들이 자라고 있어. 바닷속에도 살고, 바닷가에도 살아."

"바닷가에도? 짠 바닷물이 옆에 있거나 들락거리는데 식물이 살 수 있어?"

"그런 식물을 해안식물이라 한단다. 짠 물과 토양에서도 살 수 있는 육상식물이라 해서 염생식물이라고도 하지."

"염생식물이요?"

"소금기가 있는 땅에 사는 식물이란 뜻이지. 현태 말대로 식물들은 염분이 있는 환경에서 오래 살지 못하는데, 염생식물은 흡수한 염분을 스스로 없앨 수 있도록 진화해서 모래언덕, 조간대, 조하대를 가리지 않고 살 수 있단다."

"아하! 그럼 우리나라에는 어떤 염생식물들이 있어요?"

"우리나라에서 가장 흔한 염생식물은 갈대란다. 키가 크고 속은 비어 있는 식물로, 한 번 번식하기 시작하면 둥근 원을 이루며 퍼져나가 점점 큰 군락을 만든단다."

"전 제주도에서도 갈대밭 본 적이 있어요!"

"그래, 우리나라에서 갈대는 쉽게 볼 수 있어."

"현태야, 그럼 칠면초, 퉁퉁마디, 갯개미취, 비쑥, 세모고랭이…… 이런 이름은 들어 봤니?"

"그게 식물 이름이야, 새 이름이야? 칠면조도 아니고 칠면초라니……?"

"칠면초는 일곱 빛깔이 난다고 해서 붙여진 이름이고, 퉁퉁마디는 실제로 보면 마디마디가 통통하게 생겼대."

순천만 갈대밭(위)과 퉁퉁마디(아래)

"그래, 맞아. 이 식물들은 모두 황해 지역의 조간대 습지에 나는 대표적인 염생식물이란다. 갯방풍, 해당화 같은 식물 종들은 바닷물이 직접 밀려 들어오지 않는 사구, 그러니까 모래언덕에 자라기도 하고."

잘피의 일종인 거머리말(왼쪽)과 거머리말꽃(오른쪽)

"어이쿠, 조개류만 종마다 사는 서식지가 다른 것이 아니라 염생식물도 조금씩 자라는 환경이 다른가 봐요."

"그럼. 어떤 식물들은 소금기가 더 많고 질펀한 곳을, 어떤 식물들은 소금기는 적고 모래가 많은 곳을 좋아하지. 심지어 얕은 바닷속에 살면서 꽃도 피우고 열매도 맺는 식물도 있단다."

"바닷속에서요? 땅에 사는 식물처럼요?"

"나, 알아. 이런 바다풀을 우리말로 잘피라고 하는데 잎, 가지, 뿌리가 구별되어 있고 봄이면 꽃을 틔우고 꽃이 지면 열매도 맺는다고 아빠가 알려 주신 적 있어."

"아이고, 알면 알수록 놀라운 바다생물이 많구나! 그럼 잘피는 어디에 가면 볼 수 있어요?"

"우리나라에서는 서해안을 따라 남해안에 걸쳐 얕은 바다에서 볼 수 있고, 중국 산둥 지방에는 아주 넓게 펼쳐진 서식지가 있다고 하더라. 아쉽게도 두 나라 모두 예전에는 흔했지만 지금은 보기가 힘들단다. 그래서 요즘은 잘피를 인공적으로 심어서 복원하기도 하지."

"복원까지요? 잘피가 그렇게 중요한 식물인가요?"

"바닷속의 잘피 숲은 작은 물고기들이 안전하게 숨을 수 있을 뿐만 아니라 먹을거리가 풍부한 장소가 되어 주기 때문이지."

"아, 잘피 숲을 되살리는 것이 바다의 생물다양성을 유지하는 일이 되겠군요."

"오, 점점 기특한 소리만 하는 걸."

해조류

"현태야, 그 뿐만이 아니란다. 바다에는 조류藻類 또는 해조류라고 부르는 식물들도 있단다."

"조류? 해조류? 흠, 식물이라고 말씀하셨으니 새는 아닐 테고……."

"호호, 너도 알고 있는 거야. 일 년에 한 번은 꼭 먹는

해조류인 미역(왼쪽)과 톳(오른쪽)

것, 생일이 되면……."

"음, 혹시 미역국……?"

"딩동댕! 미역국을 끓이는 미역도 해조류야. 김, 다시마, 파래, 톳 이런 것들도 모두."

"만덕이 말처럼 우리나라 사람들은 해조류를 음식으로 먹지. 그런데 음식으로 활용되는 종류는 극히 일부에 불과할 만큼 해조류의 종류는 많단다. 우리나라에 서식하는 것만도 600종이 넘는단다."

"우와, 정말 많네요! 해조류도 종류마다 서식지가 다르겠죠? 선생님."

"그래. 해조류를 무리 지어 나누는 방법은 여러 가지인데, 색깔로 구분하는 것이 가장 쉽고 흔한 방법이란다."

"색깔별로 특색이 있나 봐요?"

"그래. 색깔별로 살아가는 바다의 깊이가 다르거든. 가장 얕은 곳에 녹색을 띠는 녹조류, 그 다음 깊은 곳에 갈색을 띠는 갈조류, 더 깊은 곳에는 붉은색을 띠는 홍조류가 살고 있지. 이런 색깔 차이는 햇빛을 받아 광합성을 하는 엽록소와 보조색소의 성분에 따라 결정된단다. 녹조류는 육상식물처럼 초록빛을 띠는 엽록소가 많기 때문에 녹색으로 보이고, 갈조류와 홍조류는 각각 갈색, 붉은색을 띠는 보조색소들이 있어서 그런 빛깔이 나는 거야. 우리가 잘 아는 해조류로 예를 들면 파래는 녹조류, 다시마는 갈조류에 속하지."

"그럼 제가 좋아하는 김은?"

"김은 빛에 비춰 보면 자줏빛을 띠니까 홍조류야."

"만덕이 말이 맞단다. 그런데 눈에 보이는 해조류가 전부는 아니야. 눈에 보이지 않을 만큼 작은 해조류들이 실은 더 많아. 이런 것들을 미세조류라고 하는데 규조류, 와편모조류 같은 것들이 포함된단다. 이 중 규조류는 껍질이 유리규소로 되어 있는데, 우리나라 해역에서 가장 흔하고 종류도 다양하지. 규조류는 갯벌에 아주 많은데, 이 조그만 규조류가 이산화탄소를 흡수하는 광합성 능력이 엄청나다는 사실이 최근 밝혀졌단다. 이산화탄소를 흡수하고 산소를 내보내는 것은 기후와 직접적인 연관이 있기 때문에, 규조류를 보호하는 것이 곧 기후 변화에 대처하는 일이기도 하지."

"와, 정말 대단해요."

"그래, 해조류는 생물들이 숨을 쉴 수 있도록 산소를 만들어 내는 귀중한 자원이란다. 물론 황해생태지역의 중요한 수산자원이기도 하고. 우리나라를 비롯해 이웃 나라인 일본과 중국 사람들은 오래 전부터 해조류를 채취해 왔을 뿐만 아니라 해조류 양식 기술도 발전시켜 왔단다."

"맞다. 우리 아빠가 남해에는 김 양식장이 많다고 말씀하신 적이 있어요."

"그래. 우리나라에서는 김, 미역, 모자반 양식을 많이 하는 반면에 중국에서는 참다시마와 김 양식이 절반을 넘는다고 하더라."

"양식을 하면 해조류는 다른 생물들처럼 멸종되거나 줄어들 걱정은 안 해도 되겠네요?"

"음, 그건 아닌데. 물론 우리나라만 봐도 해조류 양식장

김 양식

의 규모가 꾸준히 증가해 왔기 때문에 전체적인 생산량은 늘어났지. 그렇지만 황해의 자연 상태에서 절로 나고 자라는 고유종들은 오히려 위기를 겪고 있단다. 바다가 오염되면서 해조류가 절로 자랄 수 있는 환경이 나빠지고 있거든. 게다가 서해안으로 흘러 들어오는 강을 따라 댐이 여럿 건설되면서 문제가 생기고 있단다. 해조류가 잘 자라려면 여러 가지 영양소가 필요한데, 그중 많은 영양소는 육상의 토양 그러니까 흙으로부터 오거든. 그런데 댐에 막혀서 토양이 충분히 흘러 들어오지 못하니까 해조류 성장에도 지장을 주게 되는 거란다. 특히 해조류가 자라는 데 없어서는 안 되는 영양소인 질소와 인이 부족해졌다고 하더라."

"아빠, 이래저래 황해에 살고 있는 생물 종들은 줄어들 수밖에 없는 환경이네요."

"만덕아, 내가 볼 땐 말이지, 지금까지 우리가 얘기한 황해생태지역에 살고 있는 고마운 생물들의 서식지를 어떻게 보전할 것이며 황해의 생물다양성을 어떻게 유지하고 되살릴 수 있을까 고민하는 것이 최고의 해결책일 것 같아."

"이젠 공부한 티를 팍팍 내는구나."

"네, 흐흐흐."

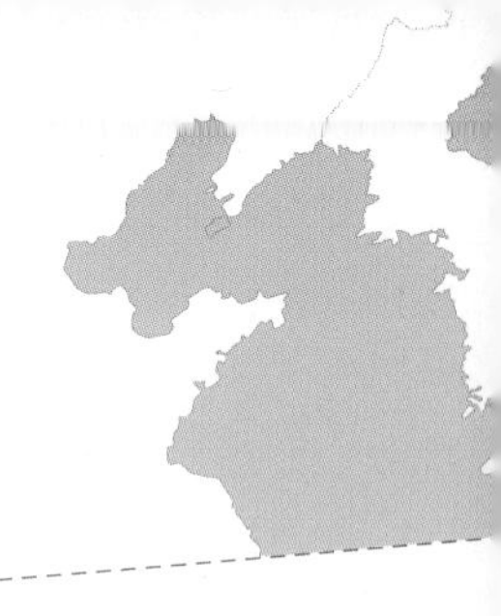

5부

황해의 생물다양성을 살리기 위한 노력

서식지 보호를 위한 첫 번째 노력

"아직 갈 길은 멀지만 황해의 생물다양성을 회복하기 위한 노력은 이미 시작되었단다."

"벌써요? 다행이다!"

"여러 가지 노력들을 하고 있는데……, 해양보호구역 이야기부터 해 볼까?"

"해양보호구역이요?"

"생물들에게 서식지를 포함한 생태 환경이 얼마나 중요한지는 이제 알겠지? 그래서 생태적으로 중요하다고 생각

되는 곳을 특별한 구역으로 정해 놓고 관리하는 거란다."

"생물들의 서식지를 보호하는 거군요?"

"그래. 모든 서식지를 다 보호하면 좋겠지만 실제로 그럴 수는 없으니까, 좀 더 의미가 있고 중요한 곳만이라도 법적으로 보호를 하자는 것이지."

"법의 보호를 받는다면 국가가 보호하는 것이네요."

"그래, 보호구역으로 지정된 곳은 함부로 훼손해서도 안 되고, 설혹 주인이라 해도 다른 목적으로 개발할 수도 없단다."

"그러니까 생물종 하나하나를 보호하는 것이 아니라 그곳에 살고 있는 생물종 전부와 그 서식지까지 보호하는 거네요, 아빠?"

"그렇단다. 해양보호구역 지정은 종 다양성뿐만 아니라 생태계 다양성을 보호, 유지하는 데도 그 목적이 있거든. 성격이 다른 생태 특성을 가지는 지역을 대표하는 서식지를 보호구역으로 정해 보호할 수 있기 때문이지."

"바다생물들에게는 위험을 피해 자유롭게 쉴 수 있는 낙원이겠어요?!"

"특별한 보호를 받을 수 있는 피난처와 같겠지. 실제로

미국에서는 해양보호구역을 피난처, 은신처라는 뜻이 있는 '성역 sanctuary' 이라고 부른단다."

"우리나라에는 해양보호구역이 없나요?

"당연히 있지. 습지보호지역, 해양보호구역예전 생태계보전지역, 수산자원보호구역, 국립공원처럼 여러 유형의 보호구역이 있단다. 각각의 보호구역마다 지정하는 대상과 목적,

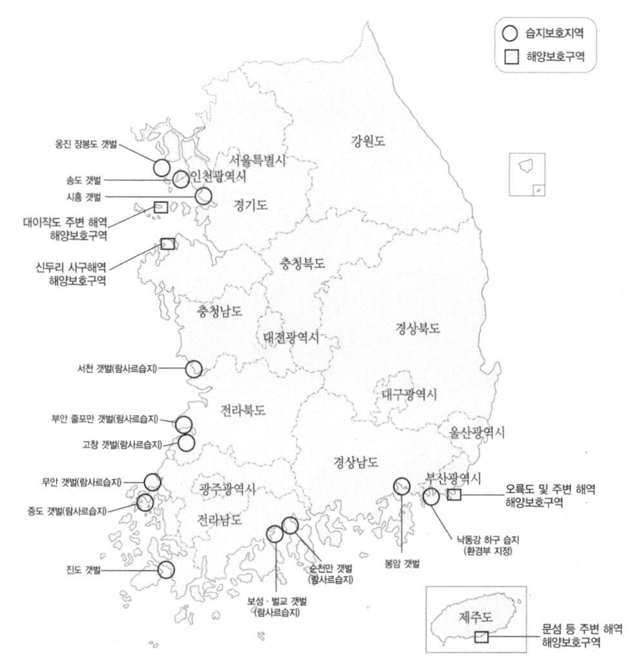

우리나라의 습지보호지역과 해양보호구역

관리 주체가 다르지. 그리고 해양보호구역의 보호 수준도 다양하단다. 어느 곳은 물고기를 아예 잡지 못하게 하고 사람들의 출입도 철저하게 막는데, 어느 곳에서는 사람들이 자유롭게 드나들면서 적당히 자연을 이용하기도 하거든."

"무조건 못 들어가게 보호하는 것이 아니군요?"

"우리나라처럼 바다를 적극적으로, 여러 용도로 다양하게 이용하는 나라에서는 무조건 아무것도 하지 못하도록 막기가 곤란하단다. 그래서 사람들이 자연을 적절하게 잘 이용하고 관리할 수 있도록 도와주는 것이 효과적이지. 따라서 해양보호구역으로 지정한 후에도 꾸준히 보살피는 관리가 필요하단다."

"관리를 어떻게 하고 있는데요?"

해양생물다양성 선상 모니터링

"우선 그 지역에 어떤 생물들이 살고 있으며 어떤 변화가 있는지 알기 위해 정기적인 조사, 그러니까 모니터링을 해서 생태계의 변화를 과학적으로 관찰하고 있단다. 그리고 그 지역의 생물다양성을 깨뜨릴 만한 요소들을 찾아내서 미리 막거나 해결도 하고…….”

“아, 바닷물을 깨끗이 하기 위해 육지에서 생긴 오염물질을 걸러서 내보내는 하수처리장도 한 예가 되겠네요?!”

“현태가 아주 적당한 예를 말해 주었는데. 그 외에 장기적으로 해양보호구역과 주변 지역을 어떻게 이용할 것이며 얼마나 보호하고 또 얼마나 어떻게 개발할 것인지에 대한 계획을 세우고 그 계획에 따라 실천하는 노력도 포함된단다.”

“바다를 지키기 위해서 해야 할 일이 아주 많네요. 정말 간단한 것이 하나도 없군요.”

“더구나 이런 과학적인 조사나 제도를 만들고 관리하는 활동들은 바다생물뿐만 아니라 오랫동안 그 바다에 기대어 살아온 사람들도 배려해야 하므로 쉽지가 않단다. 바다를 보호하려는 의도가 아무리 좋아도 그곳을 삶의 터전으로 여기며 살아온 주민들이 피해를 입으면 안 되니까.”

“그렇지만 사람들 때문에 바다생물이 줄어들고 그 서식지가 파괴되는 것인데……?”

“맞는 말이지만, 해양보호구역을 정해 바다생물의 다양

성을 회복하고 유지하려는 중요한 이유는 지금까지 그래 왔던 것처럼 바다에서 계속 수산자원을 얻고 바다로부터 혜택을 누리며 바다와 더불어 살아가기 위한 것이거든."

"음, 그러니까 해양보호구역은 바다와 사람 모두를 위한 것이란 말씀이군요?"

"그렇지. 예전에는 바다를 오염시키는 걸 대수롭지 않게 여기거나 수산자원이 고갈되든 말든 자신의 어획량만 늘리려고 했던 사람도 많았지만, 이제는 바다를 잘 관리해야 오랫동안 바다에 기대어 생활할 수 있다는 것을 알게 되어 어민과 지역 주민 모두 적극적으로 바다를 보호하고 있단다. 이렇듯 모든 보전 정책은 자연과 인간이 함께 살아갈 수 있는 정책이 되어야 하지. 인간도 자연의 일부이니 소외되어서는 절대 안 되는 것이란다."

전 세계의 약속, 생물다양성협약

"얘들아, 그건 그렇고 「생물다양성협약」이라는 것을 알고 있니?"

"네? 선생님 그게 뭐예요?"

"「생물다양성협약」이란 말이다, 생물다양성의 중요성을

전 세계에 알리고 자연 파괴 활동을 중단 시키기 위해서 많은 나라들이 체결한 국제협약이란다. 1992년 브라질의 리우 데자네이루에서 채택되었지. 지구의 환경을 보호하기 위해 열린 유엔 환경개발회의에서 두 가지 국제협약을 채택했는데, 하나는 「기후변화협약」이고 다른 하나는 「생물다양성협약」이란다."

생물다양성협약 로고

"현태야, 국제협약이란 지구 전체의 문제 또는 국가 간의 문제를 해결하기 위해서 국가들이 서로 협의해서 맺는 국제적인 약속이야."

"나도 알어. 선생님, 우리나라도 참여했나요?"

"물론, 우리나라도 서명했단다. 이것은 우리나라도 「생물다양성협약」의 취지와 뜻에 공감하고 협약의 결정 내용을 잘 따르겠다는 뜻이지."

"그런데 국제협약을 지키지 않으면 어떻게 되나요? 국제 감옥 같은 데 가야 하나요?"

"국제협약을 어긴다고 해서 규제나 처벌을 받지는 않아. 이것은 국가들이 자발적으로 환경을 지키겠다고 전 세계 앞에서 약속하는 거란다."

"그럼 많은 나라들이 우리나라처럼 약속을 했나요?"

"서명한 국가 수만 보면 상당히 성공적이란다. 우리나라와 함께 1992년에 처음 협약에 서명한 국가가 150개국이었는데, 지금은 176개국으로 회원국이 늘어났거든."

"와, 생각했던 것보다 많네요? 선생님, 회원국이라고 모두 협약을 잘 지킬까요? 아무런 힘도 없는데……."

"좋은 지적이야. 협약이 얼마나 잘 지켜질 수 있을지는 앞으로 지켜보아야 한단다. 그렇지만 적어도 전 세계가 지구의 환경과 생물다양성의 파괴가 인간 사회에 미치는 영향의 심각성을 깨닫고 공동의 노력을 시작했다는 것만으로도 그 의미는 크단다. 그런데 「생물다양성협약」이 어떤 계기로 시작되었는지 알고 있니?"

"아니요, 어떻게……?"

"처음으로 「생물다양성협약」이 논의된 계기는 바로 중남미 지역에 있는 아마존 열대우림의 파괴 때문이었어. 지구의 허파라고 불리는 아마존 열대우림은 지구 생물다양성의 보고란다. 다른 곳에서는 볼 수 없는 희귀한 생물종들이 살고 있거든. 그런데 16세기부터 사람들이 들어와 개발을 시작하면서 열대우림은 개간과 벌목으로 빠르게 파괴되기 시작했지. 시간이 한참 지난 후에야 과학자들은 열대우림 서식지의 파괴가 다양한 생물종들의 멸종으로 이어진다는 결과를 내놓았어. 게다가 이 거대한 숲은 지구의 대기 중에 있는 이산화탄소를 흡수하고 산소를 내놓는 중요한 역할을 하는데, 열대우림이 파괴되면 기후 변화 역시 더욱 심각해지는 것은 너무도 당연한 결과였고. 그래서 전 세계가 나선 거란다. 지구상에서 멸종되거나 줄어들고 있는 생물들과 서식지의 다양성을 보전해야겠다고."

"아빠, 그럼 「생물다양성협약」만 있으면 지구에 살고 있는 모든 생물들은 모두 보호받게 되는 건가요?"

"반드시 그렇지는 않단다. 그래서 「생물다양성협약」 외에 「람사르습지협약1971」, 「남극물범보전협약1972」, 「멸종위기 야생동식물의 국제 거래에 관한 협약1975」, 「이동성 야생동물종의 보전에 관한 협약1979」과 같은 협약들이 체결되었지. 모두 각자의 위치에서 생물다양성을 보호하는 역할을 하는 것이란다."

"그럼 「생물다양성협약」은 이런 협약들과 뭐가 다르죠?"

"좋은 질문이야. 다른 협약들은 각각 철새, 악어, 또는 호랑이 · 사자와 같은 맹수 등 특정한 생물종을 보호하는

데 초점을 맞추고 있단다. 그런데 「생물다양성협약」은 어떤 생물종을 보호해야 한다는 것 대신 '다양성' 자체의 보호를 주장하는 것으로 좀 어렵게 말하면 '포괄적' 협약의 성격을 가지고 있다고 할 수 있지. 쉬운 말로 하면 이전의 협약들이 미처 생각하지 못했던 부분까지 포함하는 넓은 범위의 협약이라고 할 수 있는 거야."

"어쨌든 「생물다양성협약」은 좋은 거네요!"

"그렇지만 경계해야 할 부분도 있단다."

"경계를 해야 한다고요? 왜요?"

"이 협약에서는 생물들의 경제적 가치를 강조하고 있기 때문에 자칫 생물들을 생명이 아니라 유용한 자원으로만 보게 될 위험이 있단다. 자연은 그 자체로 소중한 것이지 그것을 돈의 가치로 매겨 중요도를 따지고 소유를 다투는 일은 바람직하다고 할 수 없잖니."

"네, 돈 때문에 생물다양성을 보호하려는 것은 아니잖아요."

"그래. 생물다양성이 중요한 이유를 경제적으로만 설명하면 본래 목적인 보호 활동은 뒷전으로 밀리고 어쩌면 소유권 다툼만 이어질지도 모른단다. 그러니 「생물다양성협약」이 올바른 방향으로 나갈 수 있도록 여러 나라가 지혜를 모아야 하겠지?!"

이웃과 함께하는 노력

"와, 황해 생태 보호 이야기를 하다가 아마존 열대우림까지 다녀왔네."

"지구는 하나라 통하니까……."

"그럼, 다시 우리가 살고 있는 황해로 돌아와 볼까?"

"아직도 더 이야기해 주실 것이 있어요?"

"어머, 현태 너는 이젠 황해에 대해서 다 안다고 생각하니? 세계가 생물다양성을 위해 어떤 노력을 하는지를 말씀해 주셨으니, 우리는 황해의 생물다양성을 위해 무슨 노력을 하는지 알아봐야 할 거 아냐?"

"말은 그렇게 해도 만덕이 너도 얼마나 많은 사람들이 황해를 살리기 위해 노력하고 있는지 알면 깜짝 놀랄걸?! 과학자는 물론이고 시민, 정부, 국제기구 등 여러 분야의 다양한 사람들이 함께 일하고 있단다. 그리고 우리나라만이 아니라 중국과 북한도 참여하고 있지."

"중국과 북한도 함께요?"

"그럼. 황해에 닿아 있는 나라들은 함께 협력할 수밖에 없잖니, 황해는 연결된 하나의 생태계이니까."

"그래서 황해생태지역이라고 하셨잖아요."

"그랬지, 기억하고 있었구나. 예전에는 국가별로 따로 관리했지만 이제는 국경을 넘어선 생태계 단위의 관리를 강조하고 있는 것이란다. 그러한 이유로 이웃 국가들과 함께 협력을 하는 것이고."

"생태계 단위의 관리요?"

"그래, 바다 생태계는 육상 생태계와 달라서 생태계의 단위가 아주 크단다. 아까 이야기했던 것처럼 점박이물범은 중국 쪽 황해에서 태어나지만 크면서 우리나라와 중국을 왔다 갔다 하면서 지내잖니? 뿐만 아니라 많은 종류의 물고기들은 우리나라와 중국의 바닷가에서 나고 자라지만 어른이 되면 깊은 바다로 들어가 황해 전체를 누비며 산단다. 이렇듯 바다생물들의 생태적 특성을 감안해서 한국, 중국, 북한 이렇게 인위적인 경계와 구획을 나누는 것이 아니라 황해 생태계 전체를 종합적으로 관리하는 것이지. 이것을 조금 더 전문적인 용어로는 생태계기반관리ecosystem-based management, EBM라고 한단다.

"후유. 선생님, 관리는 어떻게 하는데요?"

"첫 번째 단계는 생태계의 특성과 문제를 과학적으로 진단하는 거야."

"의사 선생님이 환자를 진단하는 것처럼요?"

"응. 한국과 중국의 과학자들은 각자 조사해 온 자료를 공유하면서 황해의 생태계가 어떻게 구성되어 있으며 어떻게 연결되어 있는지를 연구한단다. 그리고 과학적인 진단을 통해 황해 생태계에서 공통적으로 발생하는 문제가 무엇이며 그 원인은 무엇인가를 분석하지. 그렇게 지난 몇 년 동안 조사한 결과, 수산자원을 마구 잡아들이는 남획, 과도한 양식으로 생태계가 훼손되는 것, 육지에서 흘러드는 오염물질을 제대로 처리하지 못해 일어나는 부영양화와 같은 바다 오염, 바닷가 개발로 인한 바다생물들의 서식지 파괴 등이 가장 큰 문제라는 진단을 내렸지."

급격한 바다의 부영양화로 중국 칭다오青島에 발생한 대규모 녹조

"진단을 했으니 처방도 나왔겠지요,

아빠?"

"물론. 한편으로는 중국이나 북한과 함께 황해의 생태계가 어떻게 변하고 있으며 앞으로 어떻게 변할 것인지를 연구하고 진단하는 일을 계속 진행하면서, 다른 한편으로는 각종 제도와 정책을 계획해서 실천에 옮기고 있단다. 예를 들면 남획을 막기 위해 출항하는 어선의 수를 줄이고, 바다의 바닥을 긁어서 생태계를 완전히 못 쓰게 만드는 해로운 어업 장비를 금지하고, 바다쓰레기를 줄이고, 물고기의 산란철에는 고기잡이를 막는 등의 방법이지. 뿐만 아니라 앞에서 이야기한 것처럼 해양보호구역을 정해서 관리하거나 육상에서 발생하는 오염물질 자체를 줄이는 방법도 있고, 이미 파괴된 생태계와 서식지는 계획을 세워서 자연상태로 되돌리려는 복원 노력도 하고 있지."

"에휴. 아빠, 말처럼 쉽지는 않을 것 같아요."

"결코 쉬운 일이 아니란다. 우리나라 안에서 이런 노력을 하는 것도 어려운데, 각각 바다를 대하는 태도나 각 나라의 사정이 다른 여러 국가가 모여 함께 연구하고 계획을 세워 실천하는 것은 정말 어렵지. 한정된 바다에 정해진 양의 자원을 놓고 서로 더 가지기 위해 경쟁해야 하는 상황이니 서로 양보해야 할 일들도 많고……."

"그야말로, 서로 약속한 것은 확실하게 지킨다는 믿음이 없으면 절대 할 수 없는 일이네요."

"그래, 현태 말대로 이런 국가 간의 노력에서는 서로 협력하겠다는 의지와 그것을 믿는 신뢰가 제일 중요하고, 그 다음에는 나라마다 제각각인 법률과 제도, 그리고 정책을 서로 조화가 이루어지도록 조정하고 서로 지키는 것이 참으로 중요하지."

"정말, 그렇겠어요"

생각에서 실천으로

"그리고 마지막으로, 황해의 생물다양성을 보호하기 위해 반드시 해야 할 중요한 일이 하나 더 있단다."

"그게 뭐예요?"

"바로 우리 한 사람 한 사람의 생각과 행동을 바꾸어 나가는 거야. 황해의 생물다양성을 위협하는 모든 문제들은 사실상 사람들이 하는 행동들이 만들어 내는 것이잖니."

"그렇지만 어떻게요?"

"그것 또한 여러 가지 방법이 있단다. 사람들을 대상으로 교육을 할 수도 있고, 직접 황해를 보전하는 활동에 참여하도록 권유할 수도 있지. 예를 들면 학생들에게 강의를 할 수도 있고, 시민들이 황해에 사는 생물들의 생태모니터링에 직접 참여할 수 있도록 도울 수도 있지."

"에이, 그건 선생님만 하실 수 있는 일이네요."

"그렇지 않아. 너희들이 직접 할 수 있는 일들도 많단다. 그림을 그리거나 글을 써서 사람들에게 알릴 수도 있고, 너희 또래 아이들에게 지금 배운 것들을 알려 줘도 되고 말이야."

"흠……."

"이때 중요한 것은 대상에 맞추어 설득을 하는 거야. 사람들마다 바다에 대한 생각이 다르니까."

"당연히 그렇겠지요. 황해를 보면서 어민들은 물고기를 많이 잡고 싶을 테고, 어떤 사람들은 바닷가에 도시를 건설하고 싶어 하고, 또 우리는 체험이나 소풍 가는 장소로 생각하잖아요."

"그렇지. 같은 바다라도 서로 다르게 받아들인다는 것을 잘 이해해야 해."

"아하, 그러고 보니 저희도 할 수 있을 것 같아요. 이곳

백령중고등학교 학생들의 백령도 물범 보호 모니터링 활동(왼쪽)과 전라남도 무안 갯벌에서 펼쳐진 지역 주민들의 갯벌 마당놀이(오른쪽)

에 오는 관광객들에게 생물다양성에 관해 이야기해 주거나 쓰레기를 함부로 버리면 안 된다고 알려 줄 수 있잖아요. 마라도 바닷가에 어떤 생물이 사는지를 관찰하거나 기록할 때 도와줄 수도 있고요."

"와, 그거 재밌겠다. 그런데 아빠, 그 전에 꼭 해야 할 일이 있어요."

"그래? 무슨 일을 해야 할까?"

"저희가 다른 사람에게 알려 주고 이끌어 주려면요, 황해와 생물다양성에 대해 더 잘 알아야 하잖아요? 그러니까 황해에 가요."

"마라도부터 황해라고 했으니, 너희들은 매일 황해를 보고 있는 걸."

"아니요, 백령도부터 시작해서 바닷가를 따라 마라도까지 내려오자고요. 물범도 만나고, 갯벌도 보고, 낙지도 잡고요. 네, 아빠?"

"네, 선생님. 배도 타고, 회도 먹고, 섬에도 가요!"

"그거야말로 쉽지 않은 걸. 그렇지만 너희가 꼭 원한다면 이번 방학에 가 보자꾸나!"

"와, 신난다!"

그날 밤, 현태와 만덕이는 둘 다 황해를 누비는 꿈을 꾸었습니다. 바다에 빠진 두 사람을 구해 준 슴새와 바다거북도 물론 찾아와 주었답니다.

사진과 그림에 도움 주신 분

강래선 한국해양연구원, 톳 101쪽, 김 양식 103쪽

강희만 (사)제주야생동물연구센터, 바다 위를 날고 있는 슴새 76쪽

고래연구소, 푸른바다거북 22쪽, 붉은바다거북 25쪽, 물범 회유 경로 83쪽

국토해양부, 물범 회유 경로 83쪽

김병일, 제주도 바닷속 산호초 14쪽, 해조류 숲과 물고기 떼 28쪽, 물질하는 해녀 52쪽

김은미 (사)제주야생동물연구센터, 푸른날개팔색조 56쪽

김인철 순천시, 순천만 흑두루미 90쪽

노재훈 한국해양연구원, 동식물 플랑크톤 현미경 사진 48쪽, 해양생물다양성 선상 모니터링 108쪽

녹색연합, 백령도 물범 보호 모니터링 활동 121쪽

박선미 시화호생명지킴이, 오이도 패총 95쪽

박정임 해양생태기술연구소, 거머리말과 거머리말꽃 99쪽

백상규 한국해양연구원, 미역 101쪽

부산아쿠아리움, 상괭이 85쪽

순천시, 순천만 갈대밭 98쪽

심규식, 도요새 무리 87쪽

이계숙 해양환경교육센터, 퉁퉁마디 98쪽

이상훈 한국해양연구원, 극지생태계 36쪽

주용기 전북대학교, 집단 폐사한 조개류 62쪽

지남준 (사)제주야생동물연구센터, 저어새 86쪽

해양생태기술연구소, 해양 외래종 _뚱뚱이짚신고둥, 유령멍게, 지중해담치 69쪽

해양환경관리공단 해양보호구역센터, 우리나라의 습지보호지역과 해양보호구역 107쪽

Ballista_GNU Free Documentation License, 멸종 조류 도도의 복원 모형 45쪽

Nakao Kango_WWF Japan, 백령도 물범바위 물범 82쪽

Rupesh Bhomia_University of Florida, 고산지대 · 열대우림 생태계 36쪽

Toba Aquarium · Kaiyukan Aquarium, 상괭이 표지

참고문헌

강창완 외, 『제주조류도감』, 제주특별자치도 외, 2009.

고철환 외, 『해양생물학』, 서울대학교 출판부, 1997.

국토해양부(편), 『해양생태계 관리방안 연구』, 국토해양부, 2008.

국토해양부, 『해양생태계교란생물 관리방안』, 국토해양부, 2008.

국토해양부(편), 『해양생태계 보전 · 관리 기본계획 수립연구』, 국토해양부, 2008.

김영돈, 『한국의 해녀』, 민속원, 1999.

김은미 · 강창완, 『얘들아, 새 보러 갈래?』, 도서출판 필통, 2009.

데이비드 콰멘/이충호 옮김, 『도도의 노래 _멸종된 도도가 들려주는 자연의 생존과 종말 이야기』, 푸른숲, 1998.

문대연 외, 「한국 연안의 멸종위기 바다거북의 분포 및 좌초 현황」, 한국수산과학회지, Vol.42, No.6, pp. 657-663, 2009.

박용안, 『바다의 과학 _해양학 원론』, 서울대학교 출판부, 1998.

배세진 · 이윤호 외, 『해양생물다양성 보전대책 연구』, 한국해양연구원, 2006 · 2007.

브뤼노 파디 · 프레데릭 메다이/김성희 옮김, 『생물다양성을 보전할 수 있을까?』, 민음사, 2006.

앤드루 비티 · 폴 에얼릭/이주영 옮김, 『자연은 알고 있다 _생물다양성과 자연의 재발견』, 궁리, 2005.

유엔환경계획UNEP 환경위원회, 『람사협약』, 유넵프레스, 2002.

유엔환경계획UNEP 환경위원회, 『생물다양성협약』, 유넵프레스, 2002.

임현식, 『무안갯벌에서 만나볼 수 있는 생물 가이드북』, 생태지평연구소, 2009.

주강현, 『조기에 관한 명상 _황금투구를 쓴 조기를 기다리며』, 한겨

레신문사, 1998.

프리맥R. B. Primack/김종원 외 옮김, 『보전생물학 입문 제3판』, 월드 사이언스, 2006.

Bamford et al, 『Migratory shorebirds of the East Asian - Australasian Flyway: population estimates and internationally important sites』, Wetlands International, 2008.

S. Clayton · G. Myers, 『Conservation psychology』, Wiley-Blackwell, 2009.

A. P. Dobson, 『Conservation and biodiversity』, Scientific American Library, 1996.

T. J. Farnham, 『Saving nature's legacy: origins of the idea of biological diversity』, Yale University, 2007.

E. Fuller, 『Extinct Birds』, Cornell University Press, 2001.

S. B. Hecht · A. Cockuburn, 『The fate of the forest : developers, destroyers and defenders of the Amazon』, HarperPerennial, 1990.

J. Maclaurin · K. Sterelny, 『What is biodiversity?』, The University of Chicago Press, 2008.

Ramsar, 『A guide to participatory action planning and techniques for facilitating groups』, Ramsar Convention on Wetlands, 2008.

Ramsar and Natural Heritage Trust, 『Communication, education and public awareness to promote wise use of Australia's wetlands: National Action Plan 2001-2005』, Ramsar and Natural Heritage Trust, 2002.

UNDP · GEF, 『Transboundary Diagnostic Analysis for the Yellow Sea Large Marine Ecosystem』, UNDP/GEF Yellow Sea Project, 2007.

UNDP · GEF, 『The Yellow Sea: Analysis of environmental status and trends, Volume 3: regional synthesis reports』, UNDP/GEF Yellow Sea Project, 2007.

UNDP · GEF, 『Strategic Action Programme: Reducing environmental stress in the Yellow Sea Large Marine Ecosystem』, UNDP/GEF Yellow Sea Project, 2009.

WWF · KORDI · KEI, 『Biological assessment report of the Yellow Sea Ecoregion: Biologically important areas for the Yellow Sea Ecoregion's biodiversity』, Yellow Sea Ecoregion Planning Programme, 2008.

웹사이트

Birdlife international : http://www.birdlife.org/

Convention on Biodiversity : http://cbd.int/

The IUCN Red List of Threatened Species :
http://www.iucnredlist.org/

Ramsar Convention on Wetlands : http://www.ramsar.org/

UNDP/GEF YSLME Project : http://yslme.org/

UNEP Northwest Pacific Action Plan(NOWPAP):
http://www.nowpap.org/

세계 5대 갯벌 : http://www.mltm.go.kr/USR/BORD0201/m_67/DTL.jsp?mode=view&idx=147821

2007년 제주특별자치도 통계자료 : http://www.jejusamda.com/common/c_dataView.php?id=Y03010100

제주타임스 : http://www.jejutimes.co.kr/news/articleView.html?idxno=33752